内容提要

本书根据农业部颁布的《到2020年化肥使用量零增长行动方案》和《到2020年农药使用量零增长行动方案》，主要介绍农业节肥技术、农业节药技术以及应用案例等内容，为农业生产者“化肥减量提效、农药减量控害，积极探索产出高效、产品安全、资源节约、环境友好”的现代农业发展提供有效的借鉴。

本书具有针对性强、实用价值高、适宜操作等特点。可供各级农业技术推广部门、肥料与农药生产企业、土壤肥料和植物保护科研教学部门的科技人员、肥料与农药生产和经销人员、农业种植户阅读和参考使用。

农业节肥节药技术

宋志伟 等　编著

中国农业出版社

图书在版编目（CIP）数据

农业节肥节药技术 / 宋志伟等编著．—北京：中国农业出版社，2017.9（2018.11重印）
ISBN 978-7-109-22867-2

Ⅰ.①农…　Ⅱ.①宋…　Ⅲ.①施肥 ②农药施用　Ⅳ.①S147.2 ②S48

中国版本图书馆 CIP 数据核字（2017）第 076832 号

中国农业出版社出版
（北京市朝阳区麦子店街 18 号楼）
（邮政编码 100125）
责任编辑　魏兆猛

北京通州皇家印刷厂印刷　　新华书店北京发行所发行
2017 年 9 月第 1 版　　2018 年11月北京第 8 次印刷

开本：880mm×1230mm 1/32　　印张：6.75
字数：170 千字
定价：20.00 元

作 者 简 介

宋志伟，男，1964 年出生，大学毕业，1986 年参加工作，河南农业职业学院教授，从事新型肥料研究与技术推广工作。先后荣获河南省优秀教师、全国农业职业技能开发先进个人、河南省高等学校学术技术带头人等称号。先后在《土壤通报》《棉花学报》等 18 种刊物上发表论文 56 篇；先后主编出版《粮经作物测土配方与营养套餐施肥技术》《果树测土配方与营养套餐施肥技术》《蔬菜测土配方与营养套餐施肥技术》《设施蔬菜测土配方与营养套餐施肥技术》《花卉测土配方与营养套餐施肥技术》《无公害经济作物配方施肥》《无公害果树配方施肥》《无公害露地蔬菜配方施肥》《无公害设施蔬菜配方施肥》《农作物秸秆综合利用新技术》等论著、教材 85 部；取得地市级以上教学、科研成果 16 项。

编 著 人 员

主　　编　宋志伟　于玉红

副 主 编　翟　超　郭永涛　刘洪坤

参编人员　赵明远　徐进玉

前　言

肥料是作物的粮食，是农业生产最重要的物质基础。科学施肥不仅可以提高作物产量，改善作物品质，而且能改良和培肥土壤，减少环境污染。据国家统计局数据，2013 年我国化肥生产量 7 037 万吨（折纯，下同），农用化肥施用量 5 912 万吨，是世界第一生产和消费大国。虽然化肥在促进粮食增收中起到了不可替代的作用，但目前也存在化肥过量施用、盲目施用等问题，带来了成本的增加和环境的污染，因此急需改进施肥方式，提高肥料利用率，减少不合理投入，保障粮食等主要农产品有效供给，促进农业可持续发展。因此，2015 年农业部制定了《到 2020 年化肥使用量零增长行动方案》。力争到 2020 年，主要农作物化肥使用量实现零增长。通过施肥结构优化、施肥方式改进、肥料利用率稳步提高等措施，使得测土配方施肥技术覆盖率达到 90%以上、水肥一体化技术推广面积 1.5 亿亩*、主要农作物肥料利用率达到 40%以上。

农药是重要的农业生产资料，对防病治虫、促进粮食和农业稳产高产至关重要。据统计，2012—2014 年我国农作物病虫害防治农药年均使用量 31.1 万吨（折百），比2009—2011 年增长 9.2%，年使用量和每公顷使用量均位居世界第

* 亩为非法定计量单位，1 亩=1/15 公顷，下同。——编者注

一。但由于农药使用量较大，加之施药方法不够科学，我国农药平均利用率仅为35%，大部分农药通过径流、渗漏、飘移等流失，污染土壤、水环境，影响农田生态环境安全。为此，2015年农业部制定了《到2020年农药使用量零增长行动方案》。力争到2020年，初步建立资源节约型、环境友好型病虫害可持续治理技术体系，科学用药水平明显提升，单位防治面积农药使用量控制在近三年平均水平以下，力争实现农药使用总量零增长，主要农作物病虫害生物、物理防治覆盖率达到30%以上，主要农作物病虫害专业化统防统治覆盖率达到40%以上，主要农作物农药利用率达到40%以上。

我国农业已进入可持续发展的新时期，农副产品生产的高效、安全与农田生态环境保护已成为农业生产的两大主题。目前，在资源要素紧绷、种植效益仍然偏低、环境承载压力不断增大的情况下，靠大量投入资源和消耗环境的发展方式已难以为继。因此，要改变农业生产方式，减少化肥、农药等物质投入，应做到如下两点：①科学安全使用缓/控释肥料、水溶性肥料、稳定性肥料、增值肥料、生物肥料、商品有机肥料等新型肥料，大力推广测土配方施肥技术、水肥一体化技术、作物营养套餐施肥技术、农作物秸秆还田技术、有机肥替代技术等节肥技术和科学施肥技术；②合理安全使用新型农药、生物农药及其他化学农药替代品，大力推广农药精确使用技术、机械节药技术、物理节药技术、生物防治技术、农业生产措施节药技术、化学农药替代技术等节药技术与合理安全施药技术。要做到以生产安全、农产品质量优良和保障人体健康为核心，以稳产、高产、高效和改善整体农业生态环境为目标，逐步实现《到2020年化肥使用量零增长行动方案》和《到 2020 年农药使用量零增长行动方案》目标任务，达到人与自然协调，实现生态环境效益、经济效益和社会效益相互促进的综合发展目标。

基于上述原因，我们组织相关科研院校及生产一线专家编写了《农业节肥节药技术》一书。根据农业部颁布的《到 2020 年化肥使用量零增长行动方案》和《到 2020 年农药使用量零增长行动方案》要求，主要介绍农业节肥节药技术概述、农业节肥技术、农业节药技术以及农业节肥节药技术应用案例等内容，为农业生产者"化肥减量提效、农药减量控害，积极探索产出高效、产品安全、资源节约、环境友好"的现代农业发展提供有效的借鉴。希望改变农民传统施肥和用药观念，为他们科学合理施肥和合理安全施药提供参考，为现代农业的可持续发展做出相应的贡献。

本书第一章由宋志伟编写，第二章由于玉红、翟超编写，第三章由郭永涛、赵明远、徐进玉编写，第四章由刘洪坤编写，最后由宋志伟统稿。本书在编写过程中得到中国农业出版社、河南农业职业学院、开封市蔬菜研究所、开封市种子管理站、南充职业技术学院、开封市能源站、舞钢市农业局等单位领导和有关人员的大力支持，在此表示感谢。本书在编写过程中参考引用了许多文献资料，特别是浙江农林大学虞方伯教授在节药技术方面提供了很多资料，在此深表谢意。由于我们水平有限，书中难免存在疏漏和不足之处，敬请广大读者批评指正。

宋志伟

2017 年 2 月

目　录

前言

第一章　农业节肥节药技术概述…… 1

第一节　农业主要投入品节约技术概述…… 1

一、什么是农业主要投入品节约技术…… 1

二、农业主要投入品节约技术内容…… 1

三、我国农业主要投入品节约技术发展现状…… 2

第二节　农业节肥技术概述…… 5

一、化肥是现代农业的物质支撑…… 5

二、我国化肥施用现状和存在问题…… 7

三、正确认识化肥利用中的有关问题…… 8

四、《到 2020 年化肥使用量零增长行动方案》解读…… 9

第三节　农业节药技术概述…… 12

一、农药对农业生产的贡献…… 12

二、农药对环境的危害…… 13

三、我国农药施用现状和形势…… 16

四、《到 2020 年农药使用量零增长行动方案》解读…… 16

第二章　农业节肥技术…… 19

第一节　作物测土配方施肥技术…… 19

一、测土配方施肥技术概述…… 19

二、测土配方施肥技术的基本内容…… 22

三、测土配方施肥技术的主要环节 …… 24
第二节 作物水肥一体化技术 …… 42
一、水肥一体化技术特点 …… 42
二、水肥一体化技术系统组成 …… 45
三、水肥一体化技术主要设备 …… 47
四、水肥一体化系统操作 …… 53
五、水肥一体化系统的维护保养 …… 55
六、水肥一体化技术灌溉制度的制定 …… 58
七、水肥一体化技术的肥料选择与施用 …… 61
第三节 作物营养套餐施肥技术 …… 64
一、作物营养套餐施肥技术内涵 …… 65
二、作物营养套餐施肥的技术环节 …… 67
第四节 新型肥料科学施用技术 …… 73
一、缓/控释肥料科学施用技术 …… 74
二、尿素改性类肥料科学施用技术 …… 76
三、水溶性肥料科学施用技术 …… 83
四、功能性肥料科学施用技术 …… 89
第五节 有机肥替代施用技术 …… 93
一、农作物秸秆肥料利用技术 …… 93
二、商品有机肥料科学施用技术 …… 97
三、微生物肥料科学施用技术 …… 104
第三章 农业节药技术 …… 112
第一节 农药精确施用技术 …… 112
一、农药变量喷施技术 …… 112
二、农药精确使用系统的应用 …… 114
第二节 机械节药技术 …… 117

一、我国主要节药机械 …… 117
二、节药机械选用、使用与维护 …… 120
第三节 物理节药技术 …… 124
一、热力技术 …… 124
二、分离捕集技术 …… 126
三、气调技术 …… 130
四、激光技术 …… 130
五、声控技术 …… 131
六、辐照技术 …… 131
七、阻隔技术 …… 133
第四节 生物防治技术 …… 136
一、利用害虫天敌防治虫害技术 …… 136
二、利用微生物防治病害技术 …… 140
三、杂草的生物防治技术 …… 143
第五节 农业生产措施节药技术 …… 145
一、嫁接技术的应用 …… 145
二、种子包衣技术 …… 147
三、种植制度与农业节药 …… 148
四、农药增效技术 …… 149
第六节 化学农药替代技术 …… 152
一、生物农药 …… 153
二、光活化毒素 …… 161
三、生长调节剂 …… 164

第四章 农业节肥节药技术应用案例 …… 173

第一节 农业节肥技术应用案例 …… 173
一、湖南省双季稻测土配方施肥技术应用 …… 173

二、河南省沁阳市日光温室黄瓜水肥一体化技术应用 ········ 178
三、烟台苹果营养套餐施肥技术应用 ························· 181
四、新型肥料（稳定性肥料）科学施用技术应用 ·············· 186
第二节　农业节药技术应用案例 ····························· 188
一、农药精确使用技术应用（树干注射施药） ················ 188
二、静电喷雾技术在植保领域的应用 ························ 190
三、广东省新型植保机械在防治蔬菜病虫害上的应用 ········ 192
四、我国设施蔬菜害虫天敌昆虫应用 ························ 193

主要参考文献 ·· 197

第一章　农业节肥节药技术概述

第一节　农业主要投入品节约技术概述

农业投入品是指在农业和农产品生产过程中使用或添加的物质，主要包括生物投入品、化学投入品和农业设施设备三大类。生物投入品主要包括种子、苗木、微生物制剂（包括疫苗）、天敌生物和转基因种苗等；化学投入品主要包括农药（包括生物源农药）、兽药、化学肥料、植物生长调节剂、饲料、动物激素、抗生素、保鲜剂等；农业设施设备主要包括农机具、农膜、温室大棚、灌溉设施、养殖设施、环境调节设施等。

一、什么是农业主要投入品节约技术

农业主要投入品节约技术是指在农业生产过程中，通过降低投入、提高利用率等措施实现理想农业产出的技术总称，主要包括节水、节肥、节药等环节。一般通过两种途径实现：一是降低投入。在保证理想农业产出条件下，通过降低农业投入品的投入量，实现农业投入品制造能源的节约。如通过降低化肥、农药、灌溉水的投入，降低化肥与农药制造和灌溉提水过程的能耗。二是提高利用率。通过提高化肥、农药、水资源的利用率，在实现相同农业生产目标的同时，降低投入量，进而达到节约能源的目的。

二、农业主要投入品节约技术内容

1. 节水技术　节水技术是指在维持目标产出的前提下，农业节约和高效用水技术。其根本是在水资源有限的条件下实现农业生产的

效益最大化，本质是提高农业单位用水量的经济产出，达到节能增效目的。节水技术包括工程节水、农艺节水和管理节水等。节水技术与土壤、肥料、作物品种、耕作、栽培、植保、农业设施等各项措施是密切联系和不可分割的，因而农业节水技术具有综合的特征。工程节水技术包括：降水蓄积和水库（地上、土壤和地下水库）建造技术；减少输水系统水分损失的工程技术；节水灌溉技术等。农艺节水技术包括：适水种植技术；抗旱育种技术；节水灌溉技术；农田保墒技术；培肥地力、水肥耦合技术；化学抗旱节水技术等。管理节水技术包括：水资源合理开发和优化配置技术；地表水、地下水联合运用技术；劣质水开发利用技术；墒情监测与控制灌溉技术；产权与水价管理等。

2. 节肥技术　节肥技术是指从肥料配方制定、施肥量计算、减少肥料损失、有机肥替代等各个环节和层面综合考虑减少化肥的施用量而不减产的技术。从植物营养和养分循环看，节肥技术包括以下方面：测土配方施肥技术、水肥一体化技术、作物营养套餐施肥技术、新型肥料科学施用技术、有机肥替代技术等。

3. 节药技术　节药技术是指在不降低病虫害防治效果的前提下，采取提高农药利用率、增强药效等方式降低化学农药用量的技术。节药技术在降低农药合成能源消耗的同时，也降低了农药残留量，从而防止农业环境污染和提高农产品品质，具有节能减排降污的多重功效。从病虫害防治和农药使用过程看，节药技术有以下几个方面：降低农药用量技术、农药精确使用技术、机械节药技术、物理节药技术、生物防治技术、农业生产措施节药技术、化学农药替代技术等。

三、我国农业主要投入品节约技术发展现状

1. 节水技术　我国在农业节水基础理论研究、应用技术研究、产品与材料研发、节水农业技术体系建设等方面取得了较大进展。

在节水基础理论方面，较为系统地揭示了土壤—植物—大气连续

体水分、养分迁移规律，特别是在农田水分转化规律、根冠信息传递与信号振荡、根系分形、水分养分传输动态模拟及可视化、作物需水规律与计算模型及抗旱节水机理等方面取得重大进展，为节水农业技术研发提供了有力的理论支持。

在节水技术方面，取得了水资源合理开发利用技术、高效输配水技术、田间节水灌溉技术、灌溉用水管理技术、农田高效用水技术、保水保肥的农田耕作制度、节水抗旱作物栽培管理技术、作物抗旱特性改善与利用技术等一系列科技成果，并在农业生产中加以组合应用，初步建立了节水农业技术体系，产生了明显的节水增产效益。

在节水产品和材料方面，取得的一批科技成果已完成产业化开发，批量生产了行走式局部施灌机、旱地蓄水保墒耕作机具、轻小型喷灌机组、喷微灌设备、波涌灌溉设备、农田量水设备、输水专用管材和管件、防渗材料、抗旱节水生化制剂、液体薄膜、节水农机具等，为节水农业技术规模化应用提供了技术支撑。

2. 节肥技术　测土配方施肥技术目前在批量测试、测试标准化、流程化、通用浸提剂等方面取得了明显进展。如中国农业科学院土壤肥料测试中心开发的批量土壤快速测试系列仪器。近年来，测土配方施肥项目的实施，在精准化施肥方面迈出了可喜的一步，极大地促进了节肥技术的研发与推广。

缓/控释肥技术开发也比较快，重点在缓/控释氮肥方面，如包膜尿素、包膜材料方面。北京市农林科学院和华南农业大学在包膜材料方面已经进行了中试，中国科学院沈阳应用生态研究所推出了添加脲酶抑制剂的缓释尿素、添加硝化抑制剂的缓释碳酸氢铵等缓释氮肥，已经实现了工业化规模生产。

近年来一些高新技术也应用于节肥技术的实践中，将现代“3S”技术、全互动技术、移动计算技术、数字土壤技术、海量空间数据技术与传统施肥推荐技术融为一体的“施肥通”，使用简便，完成一个推荐仅需几分钟，可以对作物 14 种养分元素需求总量进行推荐，对各种作物，特别是多年生的果树、花卉、药材进行基肥和分次追肥推荐。

3. 节药技术 节药技术研究主要集中在高效节药型施药器械、农药制剂、喷雾助剂和施药技术、农药替代技术等。

（1）高效节药型施药器械 如静电喷雾机是在药液进入高速旋转齿盘前，利用高压直流电，对药液充电，使经齿盘甩出的雾滴带有电荷，让其在植株的电场作用下飞向防治目标，可以减少药液飘移损失。带电荷的雾滴覆盖性更均匀，不但植株的叶片正面覆盖有雾滴，叶片背面也覆盖有雾滴，这是国内目前较为理想的一种精准施药喷雾机（器）。目前刚刚研究成功，尚未在农业领域大面积推广。

（2）农药制剂 近年农药剂型正朝着水性、粒状、缓释、功能化、省力化的方向发展。一些高效、安全、经济的剂型，如以水基代替油基的微乳剂、水乳剂，无粉尘飘移的水分散粒剂、水分散片剂、干悬浮剂等和环境相容的新剂型正在兴起。如3%的中生菌素可溶性粉剂、拟除虫菊酯类农药水乳剂、新型微胶囊制剂等，以及纳米微囊农药可加工成水溶性片剂、粉剂、膏剂、水剂，将是未来优秀的农药新剂型。

（3）农药增效技术 喷雾助剂（农药增效剂）通过改善农药对靶标的附着率可以提高药效和农药有效利用率，减少农药使用量，同时可以减少由于风、雨造成植株叶片上的药剂流失，降低农药对土壤、大气和水的污染，达到控制污染的作用。我国农药喷雾助剂的研究很少，生产应用也不多。

（4）农药替代技术 我国生物农药研发的品种和产量不断增加，苏云金杆菌已经产业化，白僵菌防治玉米螟、松毛虫等害虫面积达数千万亩，利用座壳孢菌防治温室白粉虱，对白粉虱若虫的寄生率可达80%以上。微生物杀线剂、真菌杀菌剂等也都相继研究成功。新型的YH-1A型太阳能杀虫灯，用特制的纳米杀虫灯泡，可以防治甜菜夜蛾、甘蓝夜蛾、斜纹夜蛾、小菜蛾、食心虫、玉米螟、蝼蛄、金龟子等，但对天敌昆虫的击杀率极低，可以最大限度地保护天敌。

第二节 农业节肥技术概述

一、化肥是现代农业的物质支撑

化肥起源于欧洲，是工业革命的产物。1800 年英国率先从工业炼焦中回收硫酸铵作为肥料，但直到 1908 年德国发明了现代合成氨工艺，才实现了化肥充足供应。化肥的施用让欧洲生活水平迅速提高，并成为世界经济中心。鉴于化肥对人类文明的重大贡献，合成氨技术发明者 Fritz Haber（1918）和 Carl Bosch（1931）先后获得诺贝尔化学奖。

1. 化肥的特性和历史功绩

（1）化肥来自于自然界，供应效率高　氮肥主要原料来自于大气，其他化肥原料主要是矿产。氮肥生产与生物固氮机理相似，通过高温高压及催化剂，将大气中的惰性氮气变成作物可以利用的活性氮（铵盐、硝酸盐）。在一个 10 公顷土地上建立的合成氨厂每天可以生产 3 000 吨纯氮，一年能够满足千万亩农田维持亩产 400～500 千克的产量，比传统生物固氮效率提高约 100 万倍。化肥让农田从培肥—生产的长周期转变为连续生产的短周期，极大地提高了农田产出效率。

（2）化肥养分浓度高、肥劲大，降低了劳动强度　化肥中养分含量一般超过 40%，是传统有机肥的 10 倍以上。传统农业收集、堆沤、运输、施用有机肥需要许多人花费几个月的时间。化肥将农户从繁重的肥料收集、堆沤等劳动中解放了出来，极大地提高了农民的劳动生产效率。

（3）化肥肥效快，利于作物及时吸收　化肥中的养分主要是无机态的，不需要经过微生物转化分解，施入土壤后会迅速被作物根系吸收。例如化学氮肥施入土壤后一般 3～15 天就会完全释放，在植物生长旺盛阶段可以迅速满足作物需要。化肥还可以通过灌溉，甚至可以通过叶面喷施的方式施用，极大地提高了作物的养分吸收效率。

（4）化肥本身是无害的　化肥中养分含量高、杂质低。例如尿素中含有46%的氮素，氮是作物所需要的营养元素，其余的主要是CO_2，施用到土壤中后会再次释放回到大气中，是无害的。其他的磷肥、钾肥以及中微量元素都是从矿物中提取出来的，基本成分也都是无害的。

2. 化肥是吃饱、吃好、吃得健康的重要保障　联合国粮农组织（FAO）统计，20世纪60～80年代，发展中国家通过施肥提高粮食作物单产55%～57%，而化肥对于我国来说，意义更加重大。

（1）我国粮食产量的一半来自化肥　中华人民共和国成立前，我国一直采用传统农业生产方式，即利用作物秸秆、人畜粪尿、绿肥等方式培肥地力，粮食产量长期处于较低水平。中华人民共和国成立后至今的70余年间，我国小麦平均单产达到300～400千克，高产地区达到750千克。其中，化肥的施用发挥了关键作用。科学家研究证明，不施化肥和施用化肥的作物单产相差55%～65%。

（2）化肥显著提高了国人的营养水平　近年来，我国人均蔬菜水果供应量持续增长，在丰富食谱的同时，也提高了居民营养水平。水果和蔬菜增产主要是通过现代化的生产方式（大棚、灌溉、化肥、农药）提高了产出。肉制品、奶制品的增长来自饲料供应的增加，而饲料生产也依赖化肥的施用。化肥极大地丰富了农业生产系统中的养分供应，为生产更多人类所需的蛋白、能量、矿物质提供了基础。

（3）化肥提高了土壤肥力　耕地质量是粮食安全的基本保障。传统农业中耕地养分含量主要由成土矿物决定，绝大部分土壤出现了不同程度的养分缺乏。例如，我国土壤有效磷含量相对较低，据20世纪80年代开展的二次土壤普查数据，平均含量仅7.4毫克/千克。通过施用磷肥，近30年来我国土壤有效磷含量上升到23毫克/千克。化肥施用还可以增加农作物生物量，提高地表覆盖度，减少水土流失。土壤本身也是一个碳汇，可以储存人类活动产生的温室气体，减轻工业化带来的负面影响。此外，通过施用化肥提高作物单产，为城市建设、交通、工业和商业发展提供了广阔的土地空间。

二、我国化肥施用现状和存在问题

1. 我国化肥施用现状 我国是化肥生产和使用大国。据国家统计局数据，2013年化肥生产量7 037万吨（折纯，下同），农用化肥施用量5 912万吨。专家分析，我国耕地基础地力偏低，化肥施用对粮食增产的贡献较大，大约在40%以上。当前，我国化肥施用存在四个方面问题：一是亩均施用量偏高。我国农作物亩均化肥用量21.9千克，远高于世界平均水平（每亩8千克），是美国的2.6倍、欧盟的2.5倍。二是施肥不均衡现象突出。东部经济发达地区、长江下游地区和城市郊区施肥量偏高，蔬菜、果树等附加值较高的经济园艺作物过量施肥比较普遍。三是有机肥资源利用率低。目前，我国有机肥资源总养分7 000多万吨，实际利用不足40%。其中，畜禽粪便养分还田率为50%左右，农作物秸秆养分还田率为35%左右。四是施肥结构不平衡。重化肥、轻有机肥，重大量元素肥料、轻中微量元素肥料，重氮肥、轻磷钾肥“三重三轻”问题突出。传统人工施肥方式仍然占主导地位，化肥撒施、表施现象比较普遍，机械施肥仅占主要农作物种植面积的30%左右。

2. 我国化肥施用面临的形势 化肥施用不合理问题与我国粮食增产压力大、耕地基础地力低、耕地利用强度高、农户生产规模小等相关，也与肥料生产经营脱离农业需求、肥料品种结构不合理、施肥技术落后、肥料管理制度不健全等相关。过量施肥、盲目施肥不仅增加农业生产成本、浪费资源，也造成耕地板结、土壤酸化。实施化肥使用量零增长行动，是推进农业“转方式、调结构”的重大措施，也是促进节本增效、节能减排的现实需要，对保障国家粮食安全、农产品质量安全和农业生态安全具有十分重要的意义。

三、正确认识化肥利用中的有关问题

现在，化肥施用带来了一些问题，但大家对此存在很多误解，导致一些负面影响被过分放大。其实，把化肥比作食品大家就好理解。不合理饮食、营养过剩带来的高血压、高血脂、高血糖等一系列健康问题是食物摄入方式的问题，不是食物本身的问题。和饮食一样，化肥施用过量、养分搭配不合理、施用方式粗放等错误方式也会产生负面影响，但需要科学分析、正确认识、理性对待。

1. 化肥施用与面源污染的关系 目前水体污染已比较突出，但水体污染物有三大来源：农业面源污染物排放、工业企业及农村和城镇居民污水排放，以及与化石能源排放有关的大气干湿沉降。《2014年中国环境状况公报》显示，全国废水中氨氮排放总量为238.5万吨，其中生活源排放138.1万吨、农业源排放75.5万吨、工业源排放23.2万吨、集中式排放源为1.7万吨。可见农业源低于生活源排放。农业面源污染又包括化肥流失、畜禽养殖业和水产养殖引起的氮、磷养分流失。据研究，化肥养分流失对农业源氮、磷排放的贡献率分别为11.2%和25.7%，总体而言是较低的。实际上，化肥中没有被当季作物吸收的磷、钾元素大部分还会留在土壤中，为下季作物所利用。

2. 化肥施用与大气污染的关系 大气污染，尤其是雾霾已经对我们的生活产生了极大影响。一般而言，农业生产中施用的氮肥，如尿素、碳酸氢铵和磷酸二铵等铵态氮肥等进入土壤后若没有被作物吸收利用，部分氮素将以氨气和氮氧化物等活性氮形式排放到大气中，引起大气污染。如果采取深施覆土、分次施用、选用合理产品，这些损失是很小的。研究表明，目前氮肥对我国氮氧化物总排放的贡献约5%。随着施肥方式的转变，这一比例还将逐步降低。

3. 化肥施用与土壤质量的关系 近年来我国土壤健康问题引起了广泛的关注，农户直观感觉土壤板结了、污染了，就简单归结为化肥的作用。其实，土壤板结主要是大水漫灌、淹灌以及不合理耕作等造成的。合理使用化肥，尤其是与有机肥配施可以改善土壤结构。另外，化肥对土壤重金属污染的影响很小，化肥中仅磷酸铵会带入一定量的重金属，我国磷矿含镉量很低，按照目前施肥量（50千克/亩，按平均含镉量10毫克/千克计），每年带入土壤的镉仅为0.5克/亩，而工矿业开采和污水灌溉带入的镉数量远高于肥料。

4. 化肥施用与农产品品质的关系　农产品外观、营养及内含物成分、储藏性状与化肥施用有直接关系。老百姓常说“用了化肥瓜不香了、果不甜了”，是化肥施用不合理的结果。部分果农盲目追求大果和超高产，大量投入氮肥，忽视其他元素配合，导致果实很大、水分很多，而可溶性固形物、糖度反而跟不上，降低了风味。实际上，作物品质与养分吸收比例有关，化肥养分结构、施用方法合理，健康成长的瓜果，果更香、瓜更甜。

四、《到2020年化肥使用量零增长行动方案》解读

1. 目标任务　到2020年，初步建立科学施肥管理和技术体系，科学施肥水平明显提升。2015—2019年，逐步将化肥使用量年增长率控制在1%以内；力争到2020年，主要农作物化肥使用量实现零增长。

（1）施肥结构进一步优化　到2020年，氮、磷、钾和中微量元素等养分结构趋于合理，有机肥资源得到合理利用。测土配方施肥技术覆盖率达到90%以上；畜禽粪便养分还田率达到60%，提高10个百分点；农作物秸秆养分还田率达到60%，提高25个百分点。

（2）施肥方式进一步改进　到2020年，盲目施肥和过量施肥现象基本得到遏制，传统施肥方式得到改变。机械施肥占主要农作物种植面积的40%以上，提高10个百分点；水肥一体化技术推广面积1.5亿亩，增加8 000万亩。

（3）肥料利用率稳步提高　从2015年起，主要农作物肥料利用率平均每年提升1个百分点以上，力争到2020年，主要农作物肥料利用率达到40%以上。

2. 重点任务

（1）推进测土配方施肥　一是拓展实施范围。基本实现主要作物测土配方施肥全覆盖。二是强化农企对接。筛选一批信誉好、实力强的企业深入开展合作，按照“按方抓药”“中成药”“中草药代煎”“私人医生”四种模式推进配方肥进村入户到田。三是创新服务机制。积极探索公益性服务与经营性服务结合、政府购买服务的有效模式，支持专业化、社会化服务组织发展，向农民提供统测、统配、统供、统施“四统一”服务。

（2）推进施肥方式转变　一是推进机械施肥。按照农艺农机融合、基肥追肥统筹的原则，加快施肥机械研发，因地制宜推进化肥机械深施、机械追肥、种肥同播等技术，减少养分挥发和流失。二是推广水肥一体化。结合高效节水灌溉，示范推广滴灌施肥、喷灌施肥等技术。三是推广适期施肥技术。合理确定基肥施用比例，推广因地、因苗、因水、因时分期施肥技术。因地制宜推广小麦、水稻叶面喷施和果树根外施肥技术。

（3）推进新肥料新技术应用　一是加强技术研发。组建一批产、学、研、推相结合的研发平台，重点开展农作物高产高效施肥技术研究，速效与缓效、大量与中微量元素、有机与无机、养分形态与功能融合的新产品及装备研发。二是加快新产品推广。示范推广缓释肥料、水溶性肥料、液体肥料、叶面肥、生物肥料、土壤调理剂等高效新型肥料，不断提高肥料利用率，推动肥料产业转型升级。三是集成推广高效施肥技术模式。结合高产创建和绿色增产模式攻关，按照土壤养分状况和作物需肥规律，分区域、分作物制定科学施肥指导手册，集成推广一批高产、高效、生态施肥技术模式。

（4）推进有机肥资源利用　一是推进有机肥资源化利用。支持规模化养殖企业利用畜禽粪便生产有机肥，推广规模化养殖＋沼气＋社会化出渣运肥模式，支持农民积造农家肥，施用商品有机肥。二是推进秸秆养分还田。推广秸秆粉碎还田、快速腐熟还田、过腹还田等技术，研发具有秸秆粉碎、腐熟剂施用、土壤翻耕、土地平整等功能的复式作业机具，使秸秆取之于田、用之于田。三是因地制宜种植绿肥。充分利用南方冬闲田和果茶园土肥水光热资源，推广种植绿肥。在有条件的地区，引导农民施用根瘤菌剂，促进花生、大豆和苜蓿等豆科作物固氮肥田。

（5）提高耕地质量水平 加快高标准农田建设，完善水利配套设施，改善耕地基础条件。实施耕地质量保护与提升行动，改良土壤、培肥地力、控污修复、治理盐碱、改造中低产田，普遍提高耕地地力等级。力争到2020年，耕地基础地力提高0.5个等级以上，土壤有机质含量提高0.2个百分点，耕地酸化、盐渍化、污染等问题得到有效控制。通过加强耕地质量建设，提高耕地基础生产能力，确保在减少化肥投入的同时，保持粮食和农业生产稳定发展。

3. 技术路径 要立足国情，按照“增产施肥、经济施肥、环保施肥”的要求，开展化肥使用量零增长行动，推行“精、调、改、替”四字方针，逐步将过量、不合理施肥的面貌改正过来。

（1）精，即推进精准施肥 根据不同区域土壤条件、作物产量潜力和养分综合管理要求，合理制定各区域、作物单位面积施肥限量标准。测土配方施肥数十万个试验证明，精确施肥可以实现每亩粮食作物减肥5千克、增产5%～8%、增收100元的效果，而果菜茶等经济作物可以减肥20～90千克、增产10%～20%、增收超过2000元。

（2）调，即调整化肥使用结构 要优化氮、磷、钾配比，增强大量元素与中微量元素的配合增效作用，让土壤作物营养更高效。要针对我国不同土壤条件和作物需要，发展适宜的高效肥料产品，并确保这些产品能用到地里。这就需要肥料工业切合农业需求升级产品、肥料营销系统货真价实服务用户、农业领域深入创新本地化技术。

（3）改，即改进施肥方式 要加快研发推广适用的施肥设备，推动施肥方式转变。例如，氮肥表施养分挥发会超过20%，而深施覆土就可以降低到5%以内。设施蔬菜以及部分大田肥料是随水冲施，可逐步改为水肥一体化、叶面喷施等。施肥方式的改变需要肥料产品、农机、农艺、设施的紧密配合。

（4）替，即有机肥部分替代化肥　通过合理利用有机养分资源，特别是在水果、设施蔬菜、茶叶上用有机肥替代部分化肥，推进有机无机结合，可以在提升耕地基础地力的同时，实现增产增效、提质增效。

第三节　农业节药技术概述

农药是重要的农业生产资料，对防病治虫、促进粮食和农业稳产高产至关重要。但由于农药使用量较大，加之施药方法不够科学，带来生产成本增加、农产品残留超标、作物药害、环境污染等问题。

一、农药对农业生产的贡献

了解农药对农业的贡献，能让人们正视农药在农业生产中发挥的重要作用，理清农药和环境的诸多关系，为明确农药的发展方向奠定基础。

1. 农药对农业的贡献大　农药由于其在防治农作物病、虫、草、鼠害方面具有高效、快速、经济和简便等特点而被世界各国广泛应用。据纪明山（2011）报道，我国年均使用农药28万余吨（折百），施用药剂防治面积达3.2亿公顷。通过使用农药，每年可挽回粮食损失4 800万吨、棉花180万吨、蔬菜5 800万吨、水果620万吨，总价值在550亿元左右。近年来，由于许多高效、低毒、低残留的新农药的出现，农药使用的投入产出比已高达1∶10以上，一般农药品种的投入产出比也在1∶4以上。由此可见，农药在现代农业生产中的作用是巨大的。

2. 提高粮食单产离不开农药　据估算，到2050年我国每年需粮食7.2亿吨，即需从目前正常年份的约4.8亿吨净增粮食2.4亿吨，在可耕地面积不变的情况下要求粮食亩产应比目前的水平提高33%以上。提高单位面积粮食产量，必须依靠品种改良、栽培技术提高、水源保证、中低产田改良，以及农机、化肥、农药和农膜等生产资料的投入。上述农业生产技术和生产资料缺一不可，且需有机结合。广泛推广应用农药，尽可能减少由病、虫、草、鼠等有害生物为害造成的占总产量30%的损失，是最现实、最可行的措施之一。

3. 农药应用促进农业现代化 农药的使用量与一个国家或地区社会经济的发展成正比。美国是世界上农业最发达的国家，也是生产和使用农药最多的国家，农药销售额一直位居世界首位。日本耕地面积510万公顷，不足中国1.35亿公顷的1/26，且由于劳动力、效益等原因导致的农田荒芜面积占耕地面积的7%，然而农药销售额却高达34.38亿美元，是中国农药销售额的1.75倍。法国耕地面积0.18亿公顷，约为我国耕地面积的1/7，其农药销售额却是我国的1.95倍。由此说明，我国目前农药消费远不及世界农业发达国家，市场潜力巨大。

4. 农药开发和使用的发展趋势 农药作为现代农业的重要组成部分，其贡献和危害同时存在，若能科学合理使用，则对保障粮食增产、农民增收和农产品有效供给起到不可替代的作用。若使用不当，则会导致农产品农药残留超标，污染生态环境，给人类健康带来隐患等一系列问题。如何提高农药利用率，节约使用农药，发展高效、低毒、环境友好型农药，替换并取代高毒农药等都是未来农药发展的必然趋势。

二、农药对环境的危害

在很长一段时期内，人们对农药的使用仍主要着眼于其对有害生物的防治和提高经济效益，而对农药使用后进入生态环境中，乃至留存于人们的食物中可能产生的不良影响等均未给予重视。直到20世纪40年代使用大量化学合成农药后，才引起人们对这些方面问题的关注。

1. 农药对环境的污染 我国是世界农药生产和使用大国，且以使用杀虫剂为主，农药的施用致使不少地区土壤、水体和粮食、蔬菜、水果中农药的残留量大大超过国家安全标准，对环境、生物和人体健康构成了严重威胁。主要表现在：一是对大气的污染。农药经喷洒形成的大量飘浮物，大部分附着在作物和土壤表面，还有相当一部分则通过扩散分布于周围的大气环境中，污染了大气。二是对水体的污染。农药对水体的污染主要来自以下几个方面：水体直接施用农药；农药生产企业向水体排放生产废水；农药喷洒时农药微粒随风飘移降落至水体；环境介质中的残留农药随降水和径流进入水体。此外，农药容器和使用工具的洗涤也会造成水体污染。三是对土壤的污染。田间施药的大部分会进入土壤环境中，另外大气中的残留农药与喷洒时附着在作物上的农药，经雨水淋洗也将进入土壤之中，用已受农药污染的水体灌溉农田以及地表径流等也都是造成农药污染土壤的原因。四是对农作物和食品的浸染。土壤中农药的残留与农药直接对作物的喷洒是导致农药对作物和食品浸染的主要原因。作物通过根系吸收土壤中的残留农药，再经过植物体内的迁移、转化等过程，逐步将农药分配到整个作物体中。或者通过作物表皮吸收附着在作物叶面上的农药进入作物内部，造成农药对作物和食品的污染。

2. 农药残留对生物的危害 主要表现在：一是农药在植物性食品中的残留。喷洒在植物上的农药，一部分被植物吸收，一部分挥发掉，大部分进入土壤。进入土壤的部分农药由根部吸收进入植物体内，造成农药残留。二是农药在动物性食品中的残留。为了控制病虫害需要施用大量的农药，进而造成了农药在农作物、牧草和饲料等中的残留。用含有残留农药的作物、牧草和饲料去喂养畜禽会造成农药在家畜、家禽体内的残留，有些农药还会在畜禽体内的脂肪中形成累积，使蛋、奶、肉等畜禽产品中含有农药残留。三是农药污染对人体的危害。农药残留也是通过食物链由低级向高级逐步富集的。农药在动植物食品中的富集和残留，最终都汇集在食物链的顶端——人的体内，最终使人受害。农药类别及对人类健康的危害参见表1-1。

表 1-1 农药类别及其对人类健康的危害

农药类别	作用	对人体的危害	主要症状
有机氯农药	杀虫 杀菌 除草	干扰中枢神经系统，有明显的致癌致畸作用，诱发肝脏肾脏疾病等，毒性难以降解，许多品种已经被禁用	头痛、胃病、腹泻、恶心、痉挛、烦躁甚至引起昏迷等
有机磷农药	杀虫 杀菌	干扰神经系统，引起体内生物活性过程失调，毒性降解比有机氯农药要快得多，已开发出多种低毒高效品种	头痛、腹泻、呕吐、唾液增多，血压升高、视觉模糊等
氨基甲酸酯	杀虫 杀菌	干扰神经系统，对人体毒害作用比上两种农药要小，已开发多个品种	头痛、腹泻、呕吐、血压升高、视觉模糊等，且发作快速
拟除虫菊酯	杀虫	干扰神经系统，毒性降解较快，属低毒高效农药	唾液增多，烦躁不安，恶心等
其他农药（砷酸铅、磷化铝等）	杀虫 杀菌 除草	干扰神经系统，肝肾慢性中毒等	头痛、恶心、急躁、心慌等

3. 农药对生态平衡的破坏 主要表现在：一是出现抗药性虫害。一种杀虫剂对某种害虫长期使用，害虫对农药就会产生抗药性。目前，世界各地抗药性害虫的种类已达 220 多种，如蚜虫和红蜘蛛等。由于害虫抗药性的增强，人类施药次数和使用量不断增加，进而加剧了环境污染。二是农业生态体系中生物群落发生变化。目前，使用的农药多为广谱性农药，在杀死害虫的同时，也杀死了大量的益虫，中毒的昆虫被鸟啄食，又害死鸟类，使害虫的天敌大量死亡，而天敌的繁殖能力远不如害虫，结果反而更加有利于害虫的迅速繁殖，破坏了自然生态系统的平衡。三是生物多样性降低。长期使用农药后，农田生态系统发生的另一改变就是生物多样性降低，即生物相变得更为贫乏、单一。生物多样性降低会使生态系统的稳定性下降，影响生态平衡。

三、我国农药施用现状和形势

多年来，因农作物播种面积逐年扩大、病虫害防治难度不断加大，农药使用量总体呈上升趋势。据统计，2012—2014 年农作物病虫害防治农药年均使用量 31.1 万吨（折百，下同），比 2009—2011 年增长 9.2%。农药的过量使用，不仅造成生产成本增加，也影响农产品质量安全和生态环境安全。

1. 化学农药施用量为主 由于气候的变化和栽培方式的改变，农作物病虫害呈多发、频发、重发的态势。据统计，2013 年农作物病、虫、草、鼠害发生面积 73 亿亩次，比 2003 年增加 12.8 亿亩次，增长 21%。目前，防病治虫多依赖化学农药，容易造成病虫抗药性增强、防治效果下降，出现农药越打越多、病虫越防越难的问题。

2. 农产品质量安全受到影响 目前，病虫防治最主要的手段还是化学防治，但因防治不科学、使用不合理，容易造成部分产品农药残留超标，影响农产品质量安全。

3. 防治病虫害成本增加 粮食和农业效益仍然偏低，重要的原因是生产成本增加较快。既有劳动力成本的增加，也有物化成本的增加。农药是重要的投入品，施用农药需大量人工，过量施药必然造成农业生产成本增加。据调查分析，2012 年蔬菜、苹果农药使用成本均比 2002 年提高 90%左右。

4. 生态环境安全受到影响 目前，我国农药平均利用率仅为 35%，大部分农药通过径流、渗漏、飘移等流失，污染土壤、水环境，影响农田生态环境安全。

四、《到 2020 年农药使用量零增长行动方案》解读

1. 目标任务 到 2020 年，初步建立资源节约型、环境友好型病虫害可持续治理技术体系，科学用药水平明显提升，单位防治面积农药使用量控制在近三年平均水平以下，力争实现农药使用总量零增长。

（1）绿色防控　主要农作物病虫害生物、物理防治覆盖率达到30％以上，比2014年提高10个百分点，大中城市蔬菜基地、南菜北运蔬菜基地、北方设施蔬菜基地、园艺作物标准园全覆盖。

（2）统防统治　主要农作物病虫害专业化统防统治覆盖率达到40％以上，比2014年提高10个百分点，粮棉油糖等作物高产创建示范片、园艺作物标准园全覆盖。

（3）科学用药　主要农作物农药利用率达到40％以上，比2013年提高5个百分点，高效低毒低残留农药比例明显提高。

2. 重点任务　围绕建立资源节约型、环境友好型病虫害可持续治理技术体系，实现农药使用量零增长。重点任务是："一构建，三推进。"

（1）构建病虫监测预警体系　按照先进、实用的原则，重点建设一批自动化、智能化田间监测网点，健全病虫监测体系；配备自动虫情测报灯、自动计数性诱捕器、病害智能监测仪等现代监测工具，提升装备水平；完善测报技术标准、数学模型和会商机制，实现数字化监测、网络化传输、模型化预测、可视化预报，提高监测预警的时效性和准确性。

（2）推进科学用药　一是推广高效低毒低残留农药。扩大低毒生物农药补贴项目实施范围，加快高效低毒低残留农药品种推广应用，逐步淘汰高毒农药。合理添加喷雾助剂，促进农药减量增效，提高防治效果。二是推广自走式喷杆喷雾机、高效常温烟雾机、固定翼飞机、直升机、植保无人机等现代植保机械，采用低容量喷雾、静电喷雾等先进施药技术。三是普及科学用药知识。以新型农业经营主体及病虫防治专业化服务组织为重点，培养一批科学用药技术骨干，辐射带动农民正确选购农药、科学使用农药。

（3）推进绿色防控　一是集成推广一批技术模式。因地制宜集成推广适合不同作物的病虫害绿色防控技术模式。二是建设一批绿色防控示范区。重点选择大中城市蔬菜基地、南菜北运蔬菜基地、北方设施蔬菜基地、园艺作物标准园、"三品一标"农产品生产基地，建设一批绿色防控示范区。三是培养一批技术骨干。以农业企业、农民合作社、基层植保机构为重点，培养一批技术骨干，带动农民科学应用绿色防控技术。

（4）推进统防统治　一是提升装备水平。装备现代植保机械，扶持发展一批装备精良、服务高效、规模适度的病虫防治专业化服务组织。二是提升技术水平。推进专业化统防统治与绿色防控融合，集成示范综合配套的技术服务模式，逐步实现农作物病虫害全程绿色防控的规模化实施、规范化作业。三是提升服务水平。加强对防治组织的指导服务，及时提供病虫测报信息与防治技术。引导防治组织加强内部管理，规范服务行为。

3. 技术路径　根据病虫害发生危害的特点和预防控制的实际，坚持综合治理、标本兼治，重点在“控、替、精、统”四个字上下功夫。

（1）“控”，即控制病虫发生危害　应用农业防治、生物防治、物理防治等绿色防控技术，创建有利于作物生长、天敌保护而不利于病虫害发生的环境条件，预防控制病虫发生，从而达到少用药的目的。

（2）“替”，即高效低毒低残留农药替代高毒高残留农药、大中型高效药械替代小型低效药械　大力推广应用生物农药、高效低毒低残留农药，替代高毒高残留农药。开发应用现代植保机械，替代跑冒滴漏落后机械，减少农药流失和浪费。

（3）“精”，即推行精准科学施药　重点是对症适时适量施药。在准确诊断病虫害并明确其抗药性水平的基础上，配方选药，对症用药，避免乱用药。根据病虫监测预报，坚持达标防治，适期用药。按照农药使用说明要求的剂量和次数施药，避免盲目加大施用剂量、增加使用次数。

（4）“统”，即推行病虫害统防统治　扶持病虫防治专业化服务组织、新型农业经营主体，大规模开展专业化统防统治，推行植保机械与农艺配套，提高防治效率、效果和效益，解决一家一户“打药难”“乱打药”等问题。

第二章　农业节肥技术

第一节　作物测土配方施肥技术

一、测土配方施肥技术概述

测土配方施肥技术是综合运用现代农业科技成果，以肥料田间试验和土壤测试为基础，根据作物需肥规律、土壤供肥性能和肥料效应，在合理施用有机肥料的基础上，科学提出氮、磷、钾及中、微量元素等肥料的施用品种、数量、施肥时期和施用方法的一套施肥技术体系。

1. 测土配方施肥技术的作用　测土配方施肥技术是促进作物高产、优质、高效、生态和安全的一种科学施肥技术，也是建设肥沃健康农田的关键技术。

（1）测土配方施肥技术是提高作物单产、保障粮食安全的客观要求　肥料在农业生产中的作用是不可或缺的，对农业产量的贡献约40％。人增地减的基本国情决定了提高单位耕地面积产量是必由之路，合理施肥能大幅度地提高作物产量；在测土配方的基础上合理施肥，促进农作物对养分的吸收，可提高作物亩产5％～20％或更高。

（2）测土配方施肥技术是降低生产成本、促进节本增效的重要途径　在测土配方施肥条件下，由于肥料品种、配比、施肥量是根据土壤供肥状况和作物需肥特点确定，既可以保持土壤均衡供肥，还可以提高化肥利用率，降低化肥使用量，节约成本。实践证明，合理施肥，农业生产平均每亩可节约纯氮3～5千克，亩节本增效可达20元以上。

（3）测土配方施肥技术是减少肥料流失、保护生态环境的需要　盲目施肥、过量施肥，不仅易造成农业生产成本增加，而且减少肥料利用率，会带来严重的环境污染。在测土配方施肥条件下，作物生长健壮，抗逆性增强，减少农药施用量，可降低化肥、农药对农产品及环境的污染。目前农民盲目偏施或过量施用氮肥的现象严重，氮肥大量流失，对水体营养和温室效应的影响十分严重。推行测土配方施肥技术是保护生态环境，促进农业可持续发展的必由之路。

（4）测土配方施肥技术是提高农产品质量、增强农业竞争力的重要环节　滥用化肥会使农产品质量降低，导致“瓜不甜、果不香、菜无味”。通过科学施肥，能克服过量施肥造成的徒长现象，减少作物倒伏，增强抗病虫害能力，从而减少农药的施用量，降低农产品中农药残留的风险。通过测土配方施肥技术，可实现合理用肥、科学施肥，从而改善农作物品质。

（5）测土配方施肥技术是不断培肥地力、提高耕地产出能力的重要措施　测土配方施肥技术是耕地质量建设的重要内容，通过有机与无机相结合、用地与养地相结合，做到缺素补素，能改良土壤，最大限度地发挥耕地的增产潜力。

（6）测土配方施肥技术是节约能源消耗、建设节约型社会的重大行动　化肥是资源依赖型产品，化肥生产必须消耗大量的天然气、煤、石油、电力和有限的矿物资源。节省化肥生产性支出对于缓解能源紧张矛盾具有十分重要的意义，节约化肥就是节约资源。

2. 测土配方施肥技术的目标　测土配方施肥技术不同于一般的项目或工程，是一项长期性、规范性、科学性、示范性和应用性都很强的农业科学技术，是直接关系到作物稳定增产、农民收入稳步增加、生态环境不断改善的一项“日常性”工作。有效全面实施测土配方施肥技术，能够达到5个方面目标。

（1）高产目标　即通过该项技术使作物单产水平在原有水平上有所提高，在当前生产条件下能最大限度地发挥作物的生产潜能。

（2）优质目标　通过该项技术实施均衡作物营养，使作物在产品品质上得到明显改善。

（3）高效目标　即做到合理施肥、养分配比平衡、分配科学，提高肥料利用率，降低生产成本，提高产投比，施肥效益明显增加。

（4）生态目标　即通过测土配方施肥技术，减少肥料挥发、流失等损失，减轻对地下水、土壤、水源、大气等污染，从而保护农业生态环境。

（5）改土目标　即通过有机肥和化肥配合施用，实现耕地用养平衡，在逐年提高产量的同时，使土壤肥力得到不断提高，达到培肥土壤、提高耕地综合生产能力的目标。

3. 测土配方施肥技术的基本原则　推广测土配方施肥技术在遵循养分归还学说、最小养分律、报酬递减率、因子综合作用律、必需营养元素同等重要律和不可代替律、作物营养关键期等基本原理基础上，还需要掌握以下基本原则。

（1）氮、磷、钾相配合　氮、磷、钾相配合是测土配方施肥技术的重要内容。随着产量的不断提高，在土壤高强度消耗养分的情况下，必须强调氮、磷、钾相互配合，并补充必要的微量元素，才能获得高产稳产。

（2）有机与无机相结合　实施测土配方施肥技术必须以有机肥料施用为基础。增施有机肥料可以增加土壤有机质含量，改善土壤理化性状，提高土壤保水保肥能力，增强土壤微生物的活性，促进化肥利用率的提高。因此，必须坚持多种形式的有机肥料投入，培肥地力，实现农业可持续发展。

（3）大、中、微量元素配合　各种营养元素的配合是测土配方施肥技术的重要内容，随着产量的不断提高，在耕地高度集约利用的情况下，必须进一步强调氮、磷、钾肥的相互配合，并补充必要的中微量元素，才能获得高产稳产。

（4）用地与养地相结合，投入与产出相平衡　要使作物—土壤—肥料形成物质和能量的良性循环，必须坚持用养结合，投入产出相平衡，维持或提高土壤肥力，增强农业可持续发展能力。

二、测土配方施肥技术的基本内容

测土配方施肥技术包括“测土、配方、配肥、供应、施肥指导”5个核心环节和“野外调查、田间试验、土壤测试、配方设计、校正试验、配方加工、示范推广、宣传培训、数据库建设、效果评价、技术创新”11项重点内容。

1. 野外调查 资料收集整理与野外定点采样调查相结合，典型农户调查与随机抽样调查相结合，通过广泛深入的野外调查和取样地块农户调查，掌握耕地地理位置、自然环境、土壤状况、生产条件、农户施肥情况以及耕作制度等基本信息进行调查，以便有的放矢地开展测土配方施肥技术工作。

2. 田间试验 田间试验是获得各种经济作物最佳施肥量、施肥时期、施肥方法的根本途径，也是筛选、验证土壤养分测试技术、建立施肥指标体系的基本环节。通过田间试验，掌握各个施肥单元不同作物优化施肥量，基、追肥分配比例，施肥时期和施肥方法；摸清土壤养分校正系数、土壤供肥量、农作物需肥参数和肥料利用率等基本参数；构建作物施肥模型，为施肥分区和肥料配方提供依据。

3. 土壤测试 土壤测试是肥料配方的重要依据之一，随着我国种植业结构不断调整，高产作物品种不断涌现，施肥结构和数量发生了很大的变化，土壤养分库也发生了明显改变。通过开展土壤氮、磷、钾及中、微量元素养分测试，了解土壤供肥能力状况。

4. 配方设计 肥料配方设计是测土配方施肥工作的核心。通过总结田间试验、土壤养分数据等，划分不同区域施肥分区；同时，根据气候、地貌、土壤、耕作制度等相似性和差异性，结合专家经验，提出不同作物的施肥配方。

5. 校正试验 为保证肥料配方的准确性，最大限度地减少配方肥料批量生产和大面积应用的风险，在每个施肥分区单元设置配方施肥、农户习惯施肥、空白施肥3个处理，以当地主要经济作物及其主栽品种为研究对象，对比配方施肥的增产效果，校验施肥参数，验证并完善肥料施用配方，改进测土配方施肥技术参数。

6. 配方加工　配方落实到农户田间是提高和普及测土配方施肥技术的最关键环节。目前不同地区有不同的模式，其中最主要的也是最具有市场前景和运作模式就是市场化运作、工厂化加工、网络化经营。这种模式适应我国农村农民科技水平低、土地经营规模小、技物分离的现状。

7. 示范推广　为促进测土配方施肥技术能够落实到田间地点，既要解决测土配方施肥技术市场化运作的难题，又要让广大农民亲眼看到实际效果，这是限制测土配方施肥技术推广的“瓶颈”。建立测土配方施肥示范区，为农民创建窗口，树立样板，全面展示测土配方施肥技术效果。将测土配方施肥技术物化成产品，打破技术推广“最后一公里”的“坚冰”。

8. 宣传培训　测土配方施肥技术宣传培训是提高农民科学施肥意识，普及技术的重要手段。农民是测土配方施肥技术的最终使用者，迫切需要向农民传授科学施肥方法和模式；同时还要加强对各级技术人员、肥料生产企业、肥料经销商的系统培训，逐步建立技术人员和肥料经销持证上岗制度。

9. 数据库建设　运用计算机技术、地理信息系统和全球卫星定位系统，按照规范化测土配方施肥数据字典，以野外调查、农户施肥状况调查、田间试验和分析化验数据为基础，实时整理历年土壤肥料田间试验和土壤监测数据资料，建立不同层次、不同区域的测土配方施肥数据库。

10. 效果评价　农民是测土配方施肥技术的最终执行者和落实者，也是最终受益者。检验测土配方施肥的实际效果，及时获得农民的反馈信息，不断完善管理体系、技术体系和服务体系。同时，为科学地评价测土配方施肥的实际效果，必须对一定的区域进行动态调查。

11. 技术创新　技术创新是保证测土配方施肥工作长效性的科技支撑。重点开展田间试验方法、土壤养分测试技术、肥料配制方法、数据处理方法等方面的创新研究工作，不断提升测土配方施肥技术水平。

三、测土配方施肥技术的主要环节

1. 肥料效应田间试验

（1）大田作物肥料效应田间试验　大田作物肥料效应试验设计，基本采用“3414”方案设计，在具体实施过程中可根据研究目的采用“3414”完全实施方案或部分实施方案（表 2-1）。

表 2-1　“3414”试验方案处理（推荐方案）

试验编号	处理	N	P	K
1	$N_0P_0K_0$	0	0	0
2	$N_0P_2K_2$	0	2	2
3	$N_1P_2K_2$	1	2	2
4	$N_2P_0K_2$	2	0	2
5	$N_2P_1K_2$	2	1	2
6	$N_2P_2K_2$	2	2	2
7	$N_2P_3K_2$	2	3	2
8	$N_2P_2K_0$	2	2	0
9	$N_2P_2K_1$	2	2	1
10	$N_2P_2K_3$	2	2	3
11	$N_3P_2K_2$	3	2	2
12	$N_1P_1K_2$	1	1	2
13	$N_1P_2K_1$	1	2	1
14	$N_2P_1K_1$	2	1	1

该方案可应用 14 个处理进行氮、磷、钾三元二次效应方程拟合，还可分别进行氮、磷、钾中任意二元或一元效应方程拟合。例如：进行氮、磷二元效应方程拟合时，可选用处理 2～7、11、12，求得在

以 K_2 水平为基础的氮、磷二元二次效应方程；选用处理 2、3、6、11 可求得在 P_2K_2 水平为基础的氮肥效应方程；选用处理 4、5、6、7 可求得在 N_2K_2 水平为基础的磷肥效应方程；选用处理 6、8、9、10 可求得在 N_2P_2 水平为基础的钾肥效应方程。此外，通过处理 1，可以获得基础地力产量，即空白区产量。

（2）蔬菜肥料效应田间试验　蔬菜肥料田间试验设计推荐“2＋*X*”方法，分为基础施肥和动态优化施肥试验两部分，“2”是指各地均应进行的以常规施肥和优化施肥 2 个处理为基础的对比施肥试验研究，其中常规施肥是当地大多数农户在蔬菜生产中习惯采用的施肥技术，优化施肥则为当地近期获得的蔬菜高产高效或优质适产施肥技术；“*X*”是指针对不同地区、不同种类蔬菜可能存在一些对生产和养分高效有较大影响的未知因子而不断进行的修正优化施肥处理的动态研究试验，未知因子包括不同种类蔬菜养分吸收规律、施肥量、施肥时期、养分配比、中微量元素等。

（3）果树肥料效应田间试验　果树肥料田间试验设计推荐“2＋*X*”方法，分为基础施肥和动态优化施肥试验两部分，“2”是指各地均应进行的以常规施肥和优化施肥 2 个处理为基础的对比施肥试验研究，其中常规施肥是当地大多数农户在果树生产中习惯采用的施肥技术，优化施肥则为当地近期获得的果树高产高效或优质适产施肥技术；“*X*”是指针对不同地区、不同种类果树可能存在一些对生产和养分高效有较大影响的未知因子而不断进行的修正优化施肥处理的动态研究试验，未知因子包括不同种类果树养分吸收规律、施肥量、施肥时期、养分配比、中微量元素等。

2. 土壤样品采集与测试

（1）土壤样品采集　土壤样品采集应具有代表性和可比性，并根据不同分析项目采取相应的采样和处理方法。

①采样单元。大田作物平均每个采样单元为 100～200 亩（平原区每 100～500 亩采一个样，丘陵区每 30～80 亩采一个样）。蔬菜平均每个采样单元为 10～20 亩，温室大棚作物每 20～30 个棚室或

10～15亩采一个样。果树平均每个采样单元为 20～40 亩（地势平坦果园取高限，丘陵区果园取低限）。

②采样时间。大田作物一般在秋季作物收获后、整地施基肥前采集；蔬菜在收获后或播种施肥前采集，一般在秋后。设施蔬菜在凉棚期采集；果树在上一个生育期果实采摘后下一个生育期开始之前，连续一个月未进行施肥后的任意时间采集土壤样品。

③采样周期。同一采样单元，无机氮及植株氮营养快速诊断每季或每年采集 1 次；土壤有效磷、速效钾等一般 2～3 年采集 1 次；中、微量元素一般 3～5 年采集 1 次。肥料效应田间试验每年采样 1 次。

④采样深度。大田作物采样深度为 0～20 厘米；蔬菜采样深度为 0～30 厘米；果树采样深度为 0～60 厘米，分为 0～30 厘米、30～60 厘米采集基础土壤样品。

⑤采样点数量。采样必须多点混合，每个样点由 15～20 个分点混合而成。

⑥采样路线。一般采用 S 形布点采样。在地形变化小、地力较均匀、采样单元面积较小的情况下，也可采用梅花形布点采样（图 2-1）。

图 2-1　样品采集分布示意图

⑦样品量。混合土样以取土 1 千克左右为宜（用于田间试验和耕地地力评价的 2 千克以上，长期保存备用），可用四分法将多余的土壤弃去（图 2-2）。

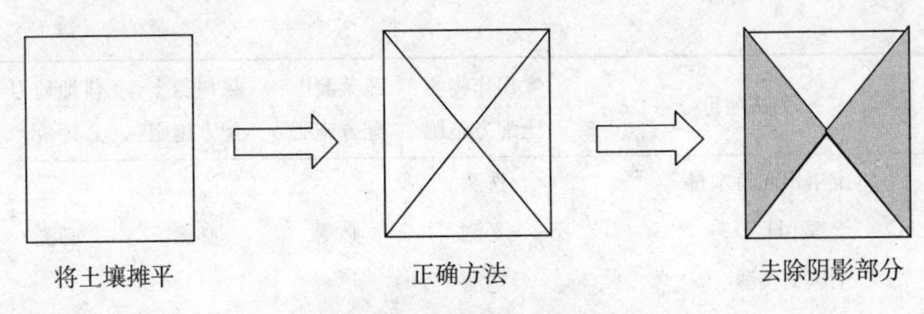

图 2-2　四分法取土样说明

⑧样品标记。采集的样品放入统一的样品袋，用铅笔写好标签，内外各一张。采样标签样式见附表 2-2。

表 2-2　土壤采样标签（式样）

统一编号（和农户调查表编号一致）：　　　　邮编：

采样时间：　　年　　月　　日　　时

采样地点：　　省　　地　　县　　乡（镇）　　村　　地块　农户名：

地块在村的（中部、东部、南部、西部、北部、东南、西南、东北、西北）

采样深度：①0～20 厘米　②____厘米（不是①的，在②填写）该土样由____点混合（规范要求 15～20 点）

经度：___度___分___秒　　纬度：___度____分____秒

采样人：　　　　　　　　联系电话：

（2）土壤测试　测土配方施肥和耕地地力评价土壤样品测试项目如表 2-3。

表 2-3　测土配方施肥和耕地地力评价土壤样品测试项目汇总

	测试项目	大田作物测土配方施肥	蔬菜测土配方施肥	果树测土配方施肥	耕地地力评价
1	土壤质地，指测法	必测			
2	土壤质地，比重计法	选测			
3	土壤容重	选测			
4	土壤含水量	选测			

（续）

	测试项目	大田作物测土配方施肥	蔬菜测土配方施肥	果树测土配方施肥	耕地地力评价
5	土壤田间持水量	选测			
6	土壤 pH	必测	必测	必测	必测
7	土壤交换酸	选测			
8	石灰需要量	pH<6 的样品必测	pH<6 的样品必测	pH<6 的样品必测	
9	土壤阳离子交换量	选测		选测	
10	土壤水溶性盐分	选测	必测	必测	
11	土壤氧化还原电位	选测			
12	土壤有机质	必测	必测	必测	必测
13	土壤全氮	选测			必测
14	土壤水解性氮	至少测试 1 项	至少测试 1 项	必测	
15	土壤铵态氮				
16	土壤硝态氮				
17	土壤有效磷	必测	必测	必测	必测
18	土壤缓效钾	必测			必测
19	土壤速效钾	必测	必测	必测	必测
20	土壤交换性钙镁	pH<6.5 的样品必测	选测	必测	
21	土壤有效硫	必测			
22	土壤有效硅	选测			
23	土壤有效铁、锰、铜、锌、硼	必测	选测	选测	
24	土壤有效钼	选测，豆科作物产区必测	选测		

注：用于耕地地力评价的土壤样品，除以上养分指标必测外，项目县如果选择其他养分指标作为评价因子，也应当进行分析测试。

3. 植物样品的采集与测试

（1）粮食作物　由于粮食作物生长的不均一性，一般采用多点取样，避开田边1米，按梅花形（适用于采样单元面积小的情况）或S形采样法采样。在采样区内采取10个样点的样品组成一个混合样。采样量根据检测项目而定，籽实样品一般1千克左右，装入纸袋或布袋。要采集完整植株样品可以稍多些，约2千克左右，用塑料纸包扎好。

（2）棉花样品　棉花样品包括茎秆、空桃壳、叶片、籽棉等部分。样株选择和采样方法参照粮食作物。按样区采集籽棉，第一次采摘后将籽棉放在通透性较好的网袋中晾干（或晒干），以后每次收获时均装入网袋中，各次采摘结束后，将同一取样袋中的籽棉作为该采样区籽棉混合样。

（3）油菜样品　油菜样品包括籽粒、角壳、茎秆、叶片等部分。样株选择和采样方法参照粮食作物。鉴于油菜在开花后期开始落叶，至收获期植株上叶片基本全部掉落，叶片的取样应在开花后期，每区采样点不应少于10个（每点至少1株），采集油菜植株全部叶片。

（4）蔬菜样品　蔬菜品种繁多，可大致分成叶菜、根菜、瓜果三类，按需要确定采样对象。菜地采样可按对角线或S形布点，采样点不应少于10个，采样量根据样本个体大小确定，一般每个点的采样量不少于1千克。

①叶类蔬菜样品。从多个样点采集的叶类蔬菜样品，按四分法进行缩分，其中个体大的样本，如大白菜等可采用纵向对称切成4份或8份，取其2份的方法进行缩分，最后分取3份，每份约1千克，分别装入塑料袋，粘贴标签，扎紧袋口。如需用鲜样进行测定，采样时最好连根带土一起挖出，用湿布或塑料袋装，防止萎蔫。采集根部样品时，在抖落泥土或洗净泥土过程中应尽量保持根系的完整。

②瓜果类蔬菜样品。果菜类植株采样一定要均匀，取10棵左右

植株，各器官按比例采取，最后混合均匀。收集老叶的生物量，同时收获时茎秆、叶片等都要收集称重。设施蔬菜地中植株取样应该统一在每行中间取植物样，以保证样品的代表性。收获期如果多次计产，则在收获中期采集果实样品进行养分测定；对于经常打掉老叶的设施果类蔬菜试验，需要记录老叶的干物质重量，多次采收计产的蔬菜需要计算经济产量及最后收获时茎叶重量即打掉老叶的重量；所有试验的茎叶果实分别计重，并进行氮、磷、钾养分测定。

（5）果树样品　主要包括果实和叶片样品。

①果实样品。进行 X 动态优化施肥试验的果园，要求每个处理都必须采样。基础施肥试验面积较大时，在平坦果园可采用对角线法布点采样，由采样区的一角向另一角引一对角线，在此线上等距离布设采样点，山地果园应按等高线均匀布点，采样点一般不应少于 10 个。对于树形较大的果树，采样时应在果树上、中、下、内、外部的果实着生方位（东南西北）均匀采摘果实。将各点采摘的果品进行充分混合，按四分法缩分，根据检验项目要求，最后分取所需份数，每份 20～30 个果实，分别装入袋内，粘贴标签，扎紧袋口。

②叶片样品。一般分为落叶果树和常绿果树采集叶片样品。落叶果树，在 6 月中下旬至 7 月初营养性春梢停长、秋梢尚未萌发即叶片养分相对稳定期，采集新梢中部第七至九片成熟正常叶片（完整无病虫叶），分树冠中部外侧的四个方位进行；对常绿果树，在 8～10 月（即在当年生营养春梢抽出后 4～6 个月）采集叶片，应在树冠中部外侧的四个方位采集生长中等的当年生营养春梢顶部向下第三叶（完整无病虫叶）。采样时间一般以上午 8～10 时采叶为宜。一个样品采 10 株，样品数量根据叶片大小确定，苹果等大叶一般 50～100 片；杏、柑橘等一般 100～200 片；葡萄要分叶柄和叶肉两部分，用叶柄进行养分测定。

（6）植株样品测试　植株样品测试项目参考表 2-4。

表 2-4 测土配方施肥植株样品测试项目汇总

	测试项目	大田作物测土配方施肥	蔬菜测土配方施肥	果树测土配方施肥
1	全氮、全磷、全钾	必测	必测	必测
2	水分	必测	必测	必测
3	粗灰分	选测	选测	选测
4	全钙、全镁	选测	选测	选测
5	全硫	选测	选测	选测
6	全硼、全钼	选测	选测	选测
7	全量铜、锌、铁、锰	选测	选测	选测
8	硝态氮田间快速诊断	选测	选测	选测
9	冬小麦/夏玉米植株氮营养田间诊断	选测		
10	水稻氮营养快速诊断	选测		
11	蔬菜叶片营养诊断		必测	
12	果树叶片营养诊断			必测
11	叶片金属营养元素快速测试		选测	选测
12	维生素 C		选测	选测
13	硝酸盐		选测	选测
14	可溶性固形物			选测
15	可溶性糖			选测
16	可滴定酸			选测

4. 基于田块的肥料配方设计 基于田块的肥料配方设计首先确定氮、磷、钾养分的用量，然后确定相应的肥料组合，通过提供配方肥料或发放配肥通知单，指导农民使用。肥料用量的确定方法主要包括土壤与植物测试推荐施肥方法、养分平衡法等。

（1）土壤与植物测试推荐施肥方法 对于大田作物，在综合考虑有机肥、作物秸秆应用和管理措施的基础上，根据氮、磷、钾和中、微量元素养分的不同特征，采取不同的养分优化调控与管理策略。其中，氮肥推荐根据土壤供氮状况和作物需氮量，进行实时动态监测和精确调控，包括基肥和追肥的调控；磷、钾肥通过土壤测试和养分平衡进行监控；中、微量元素采用因缺补缺的矫正施肥策略。该技术包括氮素实时监控、磷钾养分恒量监控和中、微量元素养分矫正施肥技术。

①氮素实时监控施肥技术。根据不同土壤、不同作物、同一作物的不同品种、不同目标产量确定作物需氮量，以需氮量的 30%～60%作为基肥用量。具体基施比例根据土壤全氮含量，同时参照当地丰缺指标来确定。一般在全氮含量偏低时，采用需氮量的 50%～60%作为基肥；在全氮含量居中时，采用需氮量的 40%～50%作为基肥；在全氮含量偏高时，采用需氮量的 30%～40%作为基肥。30%～60%基肥比例可根据上述方法确定，并通过“3414”田间试验进行校验，建立当地不同作物的施肥指标体系。有条件的地区可在播种前对 0～20 厘米土壤无机氮（或硝态氮）进行监测，调节基肥用量。

$$\text{基肥用量（千克/亩）}=\frac{(\text{目标产量需氮量}-\text{土壤无机氮})\times(30\%\sim60\%)}{\text{肥料中养分含量}\times\text{肥料当季利用率}}$$

其中：土壤无机氮（千克/亩）＝土壤无机氮测试值（毫克/千克）×0.15×校正系数

氮肥追肥用量推荐以作物关键生育期的营养状况诊断或土壤硝态氮的测试为依据，这是实现氮肥准确推荐的关键环节，也是控制过量施氮或施氮不足、提高氮肥利用率和减少损失的重要措施。测试项目主要是土壤全氮含量、土壤硝态氮含量或小麦拔节期茎基部硝酸盐浓度、玉米最新展开叶叶脉中部硝酸盐浓度，水稻采用叶色卡或叶绿素仪进行叶色诊断。

②磷、钾养分恒量监控施肥技术。根据土壤有（速）效磷、钾含量水平，以土壤有（速）效磷、钾养分不成为实现目标产量的限制因子为前提，通过土壤测试和养分平衡监控，使土壤有（速）效磷、钾含量保持在一定范围内。对于磷肥，基本思路是根据土壤有效磷测试结果和养分丰缺指标进行分级，当有效磷水平处在中等偏上时，可以

将目标产量需要量（只包括带出田块的收获物）的 100%～110%作为当季磷肥用量；随着有效磷含量的增加，需要减少磷肥用量，直至不施；随着有效磷的降低，需要适当增加磷肥用量，在极缺磷的土壤上，可以施到需要量的 150%～200%。在 2～3 年后再次测土时，根据土壤有效磷和产量的变化再对磷肥用量进行调整。钾肥首先需要确定施用钾肥是否有效，再参照上面方法确定钾肥用量，但需要考虑有机肥和秸秆还田带入的钾量。一般大田作物磷、钾肥料全部作基肥。

③中、微量元素养分矫正施肥技术。中、微量元素养分的含量变幅大，作物对其需要量也各不相同，主要与土壤特性（尤其是母质）、作物种类和产量水平等有关。矫正施肥就是通过土壤测试，评价土壤中、微量元素养分的丰缺状况，进行有针对性的因缺补缺的施肥。

（2）养分平衡法　根据作物目标产量需肥量与土壤供肥量之差估算施肥量，计算公式为：

$$施肥量（千克/亩）=\frac{目标产量所需养分总量-土壤供肥量}{肥料中养分含量\times肥料当季利用率}$$

养分平衡法涉及目标产量、作物需肥量、土壤供肥量、肥料利用率和肥料中有效养分含量五大参数。土壤供肥量即为“3414”方案中处理 1 的作物养分吸收量。目标产量确定后因土壤供肥量的确定方法不同，形成了地力差减法和土壤有效养分校正系数法两种。

地力差减法是根据作物目标产量与基础产量之差来计算施肥量的一种方法。其计算公式为：

$$\begin{matrix}施肥量\\（千克/亩）\end{matrix}=\frac{目标产量\times\frac{全肥区经济产量}{单位养分吸收量}-缺素区产量\times\frac{缺素区经济产量}{单位养分吸收量}}{肥料中养分含量\times肥料利用率}$$

土壤有效养分校正系数法是通过测定土壤有效养分含量来计算施肥量。其计算公式为：

$$\begin{matrix}施肥量\\（千克/亩）\end{matrix}=\frac{\frac{作物单位产量}{养分吸收量}\times目标产量-土壤测试值\times0.15\times\frac{土壤有效养}{分校正系数}}{肥料中养分含量\times肥料利用率}$$

养分平衡法涉及目标产量、作物需肥量、土壤供肥量、肥料利用率和肥料中有效养分含量五大参数的确定如下。

①目标产量。目标产量可采用平均单产法来确定。平均单产法是利用施肥区前三年平均单产和年递增率为基础确定目标产量，其计算公式是：

目标产量（千克/亩）＝（1＋递增率）×前3年平均单产（千克/亩）

一般作物的递增率为10%～15%。

②作物需肥量。通过对正常成熟的作物全株养分的分析，测定各种作物百千克经济产量所需养分量，乘以目标常量即可获得作物需肥量。

$$\text{作物目标产量所需养分量（千克）}=\frac{\text{目标产量(千克)}}{100}\times\text{百千克产量所需养分量(千克)}$$

如果没有试验条件，常见粮食作物平均百千克经济产量吸收的养分量可参考表2-5进行确定。

表2-5 主要粮食作物形成百千克经济产量所需养分（千克）

作物名称	收获物	从土壤中吸收N、P_2O_5、K_2O数量		
		N	P_2O_5	K_2O
水稻	稻谷	2.1～2.4	1.25	3.13
冬小麦	籽粒	3.00	1.25	2.50
春小麦	籽粒	3.00	1.00	2.50
大麦	籽粒	2.70	0.90	2.20
荞麦	籽粒	3.30	1.60	4.30
玉米	籽粒	2.57	0.86	2.14
谷子	籽粒	2.50	1.25	1.75
高粱	籽粒	2.60	1.30	3.00
甘薯	块根	0.35	0.18	0.55
马铃薯	块茎	0.50	0.20	1.06
大豆	豆粒	7.20	1.80	4.00
豌豆	豆粒	3.09	0.86	2.86

如果没有试验条件，常见经济作物平均百千克经济产量吸收的养分量可参考表 2-6 进行确定。

表 2-6　主要经济作物形成百千克经济产量所需养分（千克）

作物名称	收获物	从土壤中吸收 N、P_2O_5、K_2O 数量		
		N	P_2O_5	K_2O
花生	荚果	6.80	1.30	3.80
棉花	籽棉	5.00	1.80	4.00
油菜	菜籽	5.80	2.50	4.30
大豆	豆粒	7.20	1.80	4.000
芝麻	籽粒	8.23	2.07	4.41
烟草	鲜叶	4.10	0.70	1.10
苎麻	纤维	8.00	2.30	5.00
甜菜	块根	0.40	0.15	0.60
甘蔗	蔗茎	0.15～0.2	0.1～0.15	0.2～0.25
茶叶	干茶	12～14	2～2.8	4.3～7.5
食用型向日葵	籽粒	6.62	1.33	14.6
油用型向日葵	籽粒	7.44	1.86	16.6

如果没有试验条件，常见果树平均百千克经济产量吸收的养分量可参考表 2-7 进行确定。

表 2-7　不同果树形成 100 千克经济产量所需养分（千克）

果树名称	收获物	从土壤中吸收 N、P_2O_5、K_2O 数量		
		N	P_2O_5	K_2O
苹果	果实	0.30～0.34	0.08～0.11	0.21～0.32
梨	果实	0.4～0.6	0.1～0.25	0.4～0.6
桃	果实	0.4～1.0	0.2～0.5	0.6～1.0
枣	果实	1.5	1.0	1.3

（续）

果树名称	收获物	从土壤中吸收 N、P_2O_5、K_2O 数量		
		N	P_2O_5	K_2O
葡萄	果实	0.75	0.42	0.83
猕猴桃	果实	1.31	0.65	1.50
板栗	果实	1.47	0.70	1.25
杏	果实	0.53	0.23	0.41
核桃	果实	1.46	0.19	0.47
李子	果实	0.15～0.18	0.02～0.03	0.3～0.76
石榴	果实	0.3～0.6	0.1～0.3	0.3～0.7
樱桃	果实	1.04	0.14	1.37
柑橘	果实	0.12～0.19	0.02～0.03	0.17～0.26
脐橙	果实	0.45	0.23	0.34
荔枝	果实	1.36～1.89	0.32～0.49	2.08～2.52
龙眼	果实	1.3	0.4	1.1
芒果	果实	0.17	0.02	0.20
枇杷	果实	0.11	0.04	0.32
菠萝	果实	0.38～0.88	0.11～0.19	0.74～1.72
香蕉	果实	0.95～2.15	0.45～0.6	2.12～2.25
西瓜	果实	0.29～0.37	0.08～0.13	0.29～0.37
甜瓜	果实	0.35	0.17	0.68
草莓	果实	0.6～1.0	0.25～0.4	0.9～1.3

如果没有试验条件，常见蔬菜平均百千克经济产量吸收的养分量可参考表 2-8 进行确定。

表 2-8 不同蔬菜形成百千克经济产量所需养分

蔬菜名称	收获物	N、P_2O_5、K_2O 需要量（千克）		
		N	P_2O_5	K_2O
大白菜	叶球	1.8～2.2	0.4～0.9	2.8～3.7
普通白菜	全株	2.8	0.3	2.1
结球甘蓝	叶球	3.1～4.8	0.5～1.2	3.5～5.4
花椰菜	花球	10.8～13.4	2.1～3.9	9.2～12.0
芹菜	全株	1.8～2.6	0.9～1.4	3.7～4.0
菠菜	全株	2.1～3.5	0.6～1.8	3.0～5.3
莴苣	全株	2.1	0.7	3.2
番茄	果实	2.8～4.5	0.5～1.0	3.9～5.0
茄子	果实	3.0～4.3	0.7～1.0	3.1～4.6
辣椒	果实	3.5～5.4	0.8～1.3	5.5～7.2
黄瓜	果实	2.7～4.1	0.8～1.1	3.5～5.5
冬瓜	果实	1.3～2.8	0.5～1.2	1.5～3.0
南瓜	果实	3.7～4.8	1.6～2.2	5.8～7.3
架芸豆	豆荚	3.4～8.1	1.0～2.3	6.0～6.8
豇豆	豆荚	4.1～5.0	2.5～2.7	3.8～6.9
胡萝卜	肉质根	2.4～4.3	0.7～1.7	5.7～11.7
萝卜	肉质根	2.1～3.1	0.8～1.9	3.8～5.1
大蒜	鳞茎	4.5～5.1	1.1～1.3	1.8～4.7
韭菜	全株	3.7～6.0	0.8～2.4	3.1～7.8
大葱	全株	1.8～3.0	0.6～1.2	1.1～4.0
洋葱	鳞茎	2.0～2.7	0.5～1.2	2.3～4.1
生姜	块茎	4.5～5.5	0.9～1.3	5.0～6.2
马铃薯	块茎	4.7	1.2	6.7

③土壤供肥量。土壤供肥量可以通过测定基础产量、土壤有效养

分校正系数两种方法估算：

通过基础产量估算（处理1产量）：不施肥区作物所吸收的养分量作为土壤供肥量。

$$\text{土壤供肥量（千克）}=\frac{\text{不施养分区农作物产量（千克）}}{100}\times\text{百千克产量所需养分量（千克）}$$

通过有效养分校正系数估算土壤供肥量公式为：

土壤供肥量＝土壤养分测定值（毫克/千克）×2.25×校正系数

式中2.25是换算系数，即将1毫克/千克养分折算成1公顷耕层土壤养分的实际质量。校正系数是植物实际吸收养分量占土壤养分测定值的比值，常常通过田间试验用下列公式求得：

$$\text{校正系数}=\frac{\text{空白产量}/100\times\text{植物百千克产量养分吸收量}}{\text{土壤养分测定值}\times 2.25}$$

如果没有试验条件，不同肥力菜地土壤有效养分校正系数也可参考表2-9进行确定。

表2-9 不同肥力菜地的土壤有效养分校正系数参考值

蔬菜种类	土壤养分	土壤有效养分校正系数		
		低肥力	中肥力	高肥力
早熟甘蓝	碱解氮	0.72	0.58	0.45
	有效磷	0.50	0.22	0.16
	速效钾	0.72	0.54	0.38
中熟甘蓝	碱解氮	0.85	0.72	0.64
	有效磷	0.75	0.34	0.23
	速效钾	0.93	0.84	0.52
大白菜	碱解氮	0.81	0.64	0.44
	有效磷	0.67	0.44	0.27
	速效钾	0.77	0.45	0.21
番茄	碱解氮	0.77	0.74	0.36
	有效磷	0.52	0.51	0.26
	速效钾	0.86	0.55	0.47

（续）

蔬菜种类	土壤养分	土壤有效养分校正系数		
		低肥力	中肥力	高肥力
黄瓜	碱解氮	0.44	0.35	0.30
	有效磷	0.68	0.23	0.18
	速效钾	0.41	0.32	0.14
萝卜	碱解氮	0.69	0.58	—
	有效磷	0.63	0.37	0.20
	速效钾	0.68	0.45	0.33

④肥料利用率。一般通过差减法来计算：利用施肥区作物吸收的养分量减去不施肥区农作物吸收的养分量，其差值视为肥料供应的养分量，再除以所用肥料养分量就是肥料利用率。

$$\text{肥料利用率}(\%)=\frac{\text{施肥区农作物吸收养分量（千克/亩）}-\text{缺素区农作物吸收养分量（千克/亩）}}{\text{肥料施用量（千克/亩）}\times\text{肥料中养分含量（\%）}}\times 100$$

上述公式以计算氮肥利用率为例来进一步说明。施肥区（NPK区）农作物吸收养分量（千克/亩）：“3414”方案中处理6的作物总吸氮量；缺氮区（PK区）农作物吸收养分量（千克/亩）：“3414”方案中处理2的作物总吸氮量；肥料施用量（千克/亩）：施用的氮肥肥料用量；肥料中养分含量（%）：施用的氮肥肥料所标明的含氮量。如果同时使用了不同品种的氮肥，应计算所用的不同氮肥品种的总氮量。

如果没有试验条件，常见肥料的利用率也可参考表2-10。

表2-10　肥料当年利用率

肥料	利用率（%）	肥料	利用率（%）
堆肥	25～30	尿素	60
一般圈粪	20～30	过磷酸钙	25
硫酸铵	70	钙镁磷肥	25
硝酸铵	65	硫酸钾	50
氯化铵	60	氯化钾	50
碳酸氢铵	55	草木灰	30～40

⑤肥料养分含量。供施肥料包括无机肥料与有机肥料。无机肥料、商品有机肥料养分含量按其标明量，不明养分含量的有机肥料养分含量可参照当地不同类型有机肥养分平均含量获得。

5. 测土配方施肥技术示范 每县在大田作物、主要蔬菜、主要果树上分别设20～30个测土配方施肥示范点，进行田间对比示范(图2-3)。示范设置常规施肥对照区和测土配方施肥区两个处理。蔬菜果树测土配方施肥区是集成优化施肥，另外大田作物设一个不施肥的空白处理。其中大田作物测土配方施肥、农民常规施肥处理面积不少于200米^2、空白对照（不施肥）处理不少于30米^2；蔬菜两个处理面积不少于100米^2；果树每个处理果树数量不少于25株。其他参照一般肥料试验要求。通过田间示范，综合比较肥料投入、作物产量、经济效益、肥料利用率等指标，客观评价测土配方施肥效益，为测土配方施肥技术参数的校正及进一步优化肥料配方提供依据。田间示范应包括规范的田间记录档案和示范报告，填写测土配方施肥田间示范结果汇总表。

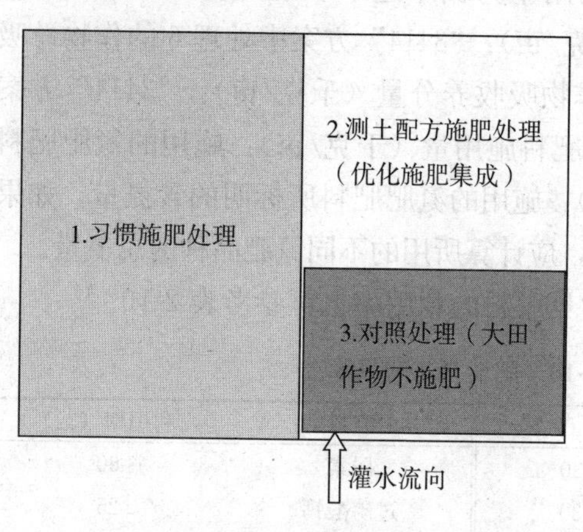

习惯施肥处理完全由农民按照当地习惯进行施肥管理；测土配方施肥处理只是按照试验要求改变施肥数量和方式；对照处理则不施任何化学肥料，其他管理与习惯处理相同。处理间要筑田埂及排、灌沟，单灌单排，禁止串排串灌。

图2-3 测土配方施肥示范小区排列示意

6. 测土配方施肥的效果评价

①测土配方施肥农户与常规施肥农户比较，从作物产量、效益、

地力变化等方面进行评价。通常从养分投入量、作物产量、经济效益方面进行。可以通过比较两类农户（田块）的养分投入量来检验测土配方施肥施用效果，也可利用增产率、增收、产投比来分析作物专用肥的增产率、增收情况与投入产出效率。

②农户测土配方施肥前后的比较。从农民实施测土配方施肥前后的养分投入量、作物产量、经济效益进行评价。通过整理与比较农户（或农田）执行测土配方施肥前后氮、磷、钾养分投入量来检验测土配方施肥的节肥效果，也可利用增产率、增收、产投比来分析作物专用肥的增产率、增收情况与投入产出效率进行比较。

③测土配方施肥准确度的评价。可以从作物的目标产量和实际产量的吻合度对测土配方施肥技术准确地进行评价。主要比较测土推荐的目标产量和实践执行测土配方施肥后获得的产量来判断技术的准确度，找出存在的问题和需要修正与完善的方面，包括推荐施肥方法是否合适、采用的配方参数是否合理、丰缺指标是否需要调整等。也可从农户和作物两方面对测土配方施肥技术准确度进行评价。

7. 测土配方施肥的总结与评估　每个作物产区测土配方施肥工作承担单位提交本施肥区域年度数据库，包括田间试验数据库、土壤采样数据库、土壤和作物样品测试数据库、肥料配方数据库、测土配方施肥效果评价数据库。

①作物种植情况。主要介绍当地主要作物的种植面积、产量、质量及其经济效益等情况，也可利用当地统计数据。

②农田测土配方施肥工作概况。可以根据各个作物产区进行测土配方施肥的情况，按作物种类进行汇总测土配方施肥实施的面积、总产、单产，开展田间试验的数目，提供的施肥分区配方，进行的配方校验，发放的配方卡和生产与供应的配方肥数量。

③主产作物配方施肥的效果。主要根据示范、校验、农户（或农田）调查反馈结果来进行汇总。

④总体效果评价。主要汇总当地作物产区测土配方施肥实施总面积、作物总产量、节肥总量、增收节支情况、培训农户、科技人员、

示范与现场会、发放科技资料等。通过总结当地开展农田测土配方施肥工作中的经验和存在问题，提出今后改进的对策与建议。

第二节　作物水肥一体化技术

水肥一体化技术是世界上公认的提高水肥资源利用率的最佳技术。2012 年国务院印发《国家农业节水纲要（2012—2020）》，强调要积极发展水肥一体化；2013 年农业部下发《水肥一体化技术指导意见》，把水肥一体化列为“一号技术”加以推广。

一、水肥一体化技术特点

水肥一体化技术也称为灌溉施肥技术，是借助压力系统（或地形自然落差），根据土壤养分含量和作物种类的需肥规律及特点，将可溶性固体或液体肥料配制成的肥液，与灌溉水一起，通过可控管道系统均匀、准确地输送到作物根部土壤，浸润作物根系发育生长区域，使主根根系土壤始终保持疏松和适宜的含水量。通俗地讲，就是将肥料溶于灌溉水中，通过管道在浇水的同时施肥，将水和肥料均匀、准确地输送到作物根部土壤（图 2-4）。

图 2-4　小麦微喷灌水肥一体化技术应用

1. 水肥一体化技术优点　水肥一体化技术与传统地面灌溉和施肥方法相比，具有以下优点：

（1）节水效果明显　水肥一体化技术可减少水分的下渗和蒸发，提高水分利用率。在露天条件下，微灌施肥与大水漫灌相比，节水率达50%左右。保护地栽培条件下，滴灌与畦灌相比，每亩大棚一季节水80～120米^3，节水率为30%～40%。

（2）节肥增产效果显著　水肥一体化技术具有施肥简便、施肥均匀、供肥及时、作物易于吸收、提高肥料利用率等优点。据调查，常规施肥的肥料利用率只有30%～40%，滴灌施肥的肥料利用率达80%以上。在作物产量相近或相同的情况下，水肥一体化技术与常规施肥技术相比可节省化肥30%～50%，并增产10%以上。

（3）减轻病虫草害发生　水肥一体化技术可有效地减少灌水量和水分蒸发，提高土壤养分有效性，促进根系对营养的吸收贮备，还可降低土壤湿度和空气湿度，抑制病菌、害虫的产生、繁殖和传播，并抑制杂草生长。因此，水肥一体化技术也可减少农药的投入和防治病虫草害的劳力投入，与常规施肥相比，利用水肥一体化技术每亩农药用量可减少15%～30%。

（4）降低生产成本　水肥一体化技术是管网供水，操作方便，便于自动控制，减少了人工开沟、撒肥等过程，因而可明显节省施肥劳力；灌溉是局部灌溉，大部分地表保持干燥，减少了杂草的生长，也就减少了用于除草的劳动力；由于水肥一体化可减少病虫害的发生，可以减少用于防治病虫害、喷药等劳动力；水肥一体化技术实现了种地无沟、无渠、无埂，大大减轻了水利建设的工程量。

（5）改善作物品质　水肥一体化技术适时、适量地供给作物不同生育期生长所需的养分和水分，明显改善作物的生长环境条件，因此，可促进作物增产，提高农产品的外观品质和营养品质；应用水肥一体化技术种植的作物，具有生长整齐一致、定植后生长恢复快、提早收获、收获期长、丰产优质、对环境气象变化适应性强等优点；通过水肥的控制可以根据市场需求提早供应市场或延长供应市场。

（6）便于农作管理　水肥一体化技术只湿润作物根区，其行间空地保持干燥，因而灌溉的同时，也可以进行其他农事活动，减少了灌溉与其他农作的相互影响。

（7）改善土壤微生态环境　采用水肥一体化技术除了可明显降低大棚内空气湿度和棚内温度外，还可以增强微生物活性。滴灌施肥与常规畦灌施肥相比，地温可提高2.7℃。有利于增强土壤微生物活性，促进作物对养分的吸收；有利于改善土壤物理性质，滴灌施肥克服了因灌溉造成的土壤板结问题，土壤容重降低，孔隙度增加，有效地调控土壤根系的水渍化、盐渍化、土传病害等障碍。水肥一体化技术可严格控制灌溉用水量、化肥施用量、施肥时间，不破坏土壤结构，防止化肥和农药淋洗到深层土壤，造成土壤和地下水的污染，同时可将硝酸盐产生的农业面源污染降到最低程度。

（8）便于精确施肥和标准化栽培　水肥一体化技术可根据作物营养规律有针对性地施肥，做到缺什么补什么，实现精确施肥；可以根据灌溉的流量和时间，准确计算单位面积所用的肥料数量。微量元素通常应用螯合态，价格昂贵，而通过水肥一体化可以做到精确供应，提高肥料利用率，降低微量元素肥料施用成本。水肥一体化技术的采用有利于实现标准化栽培，是现代农业中的一项重要技术措施。在一些地区的作物标准化栽培手册中，已将水肥一体化技术作为标准措施推广应用。

（9）适应恶劣环境和多种作物　采用水肥一体化技术可以使作物在恶劣土壤环境下正常生长。如沙丘或沙地，因持水能力差，水分基本没有横向扩散，传统的灌水容易深层渗漏，作物难以生长。采用水肥一体化技术，可以保证作物在这些条件下正常生长。此外，利用水肥一体化技术可以在土层薄、贫瘠、含有惰性介质的土壤上种植作物并获得最大的增产潜力，能够有效地利用开发丘陵地、山地、沙地、轻度盐碱地等边缘土地。

2. 水肥一体化技术缺点　水肥一体化技术是一项新兴技术，而且我国土地类型多样化，各地农业生产发展水平、土壤结构及养分间有很大的差别，用于灌溉施肥的化肥种类参差不一，因此，水肥一体化技术在实施过程中还存在如下诸多缺点：

（1）易引起堵塞，系统运行成本高 灌水器的堵塞是当前水肥一体化技术应用中最主要的问题，也是目前必须解决的关键问题。引起堵塞的原因有化学因素、物理因素，有时生物因素也会引起堵塞。因此，灌溉时水质要求较严，一般均应经过过滤，必要时还需经过沉淀和化学处理。

（2）引起盐分积累，污染水源 当在含盐量高的土壤上进行滴灌或是利用咸水灌溉时，盐分会积累在湿润区的边缘而引起盐害。施肥设备与供水管道连通后，若发生特殊情况，如事故、停电等，系统内会出现回流现象，这时肥液可能被带到水源处。另外，当饮用水与灌溉水用同一主管网时，如无适当措施，肥液可能进入饮用水管道，造成对水源污染。

（3）限制根系发展，降低作物抵御风灾能力 由于灌溉施肥技术只湿润部分土壤，加之作物的根系有向水性。对于高大木本作物来说，少灌、勤灌的灌水方式会导致其根系分布变浅，在风力较大的地区可能产生拔根危害。

（4）工程造价高，维护成本高 根据测算，大田采用水肥一体化技术每亩投资在400～1 500元，而温室的投资比大田更高。

二、水肥一体化技术系统组成

水肥一体化技术系统主要有微灌系统和喷灌系统。这里以常用的微灌为例。

微灌就是利用专门的灌水设备（滴头、微喷头、渗灌管和微管等），将有压水流变成细小的水流或水滴，湿润作物根部附近土壤的灌水方法。因其灌水器的流量小而被称为微灌，主要包括滴灌、微喷灌、脉冲微喷灌、渗灌等。目前生产实践中应用广泛且具有比较完整理论体系的主要是滴灌和微喷灌技术。微灌系统主要由水源工程、首部枢纽工程、输水管网、灌水器四部分组成（图2-5）。

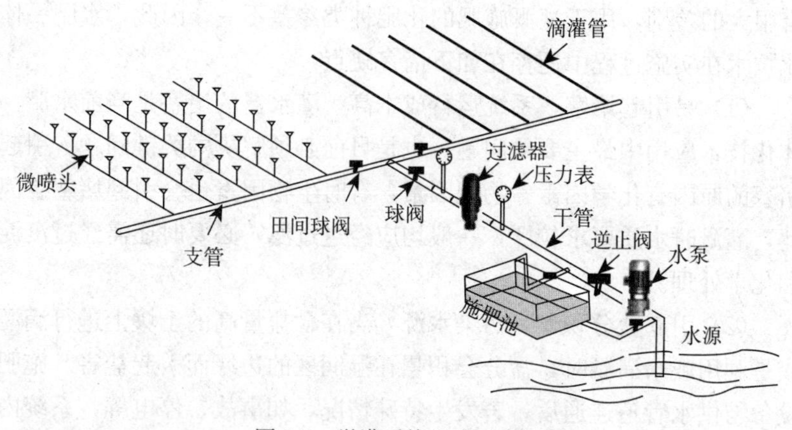

图 2-5 微灌系统组成示意图

1. 水源工程 在生产中可能的水源有河流水、湖泊、水库水、塘堰水、沟渠水、泉水、井水、水窖水等，只要水质符合要求，均可作为微灌的水源，但这些水源经常不能被微灌工程直接利用，或流量不能满足微灌用水量要求，此时需要根据具体情况修建一些相应的引水、蓄水或提水工程，统称为水源工程。

2. 首部枢纽工程 首部枢纽是整个微灌系统的驱动、检测和控制中枢，主要由水泵及动力机、过滤器等水质净化设备、施肥装置、控制阀门、进排气阀、压力表、流量计等设备组成。其作用是从水源中取水经加压过滤后输送到输水管网中去，并通过压力表、流量计等设备监测系统运行情况。

3. 输配水管网 输配水管网的作用是将首部枢纽处理过的水按照要求输送分配到每个灌水单元和灌水器。包括干、支管和毛管三级管道。毛管是微灌系统末级管道，其上安装或连接灌水器。

4. 灌水器 灌水器是微灌系统中的最关键的部件，是直接向作物灌水的设备，其作用是消减压力，将水流变为水滴、细流或喷洒状施入土壤，主要有滴头、滴灌带、微喷头、渗灌滴头、渗灌管等。微灌系统的灌水器大多数用塑料注塑成型。

三、水肥一体化技术主要设备

一套水肥一体化技术设备包括首部枢纽、输配水管网和灌水器三部分。

1. 首部枢纽　首部枢纽的作用是从水源取水、增压，并将其处理成符合灌溉施肥要求的水流输送到田间系统中去，包括加压设备（水泵、动力机）、过滤设备、施肥设备、控制与测量设备等。

（1）加压设备　加压设备的作用是满足灌溉施肥系统对管网水流的工作压力和流量要求。加压设备包括水泵及向水泵提供能量的动力机。水泵主要有离心泵、潜水泵等。在有足够自然水头的地方可以不安装加压设备，利用重力进行灌溉。

（2）过滤设备　过滤设备的作用是将灌溉水中的固体颗粒（砂石、肥料沉淀物及有机物）滤去，避免污物进入系统，造成系统和灌水器堵塞。过滤设备根据所用的材料和过滤方式可分为筛网式过滤器（图 2-6）、叠片式过滤器（图 2-7）、砂石过滤器（图 2-8）、离心分离器（图 2-9）、自净式网眼过滤器、沉沙池、拦污栅（网）等。在选择过滤设备时要根据灌溉水源的水质、水中污物的种类、杂质含量，结合各种过滤设备的规格、特点及本身的抗堵塞性能，进行合理的选取。

图 2-6　筛网过滤器外观及滤芯

图 2-7　叠片式过滤器外观及叠片

图 2-8　砂石过滤器

图 2-9　离心式过滤器

（3）施肥设备　水肥一体化技术中常用到的施肥设备及方法主要有：压差施肥罐（图 2-10）、文丘里施肥器（图 2-11）、泵吸肥法（图 2-12）、泵注肥法（图 2-13）、自压重力施肥法、施肥机等。

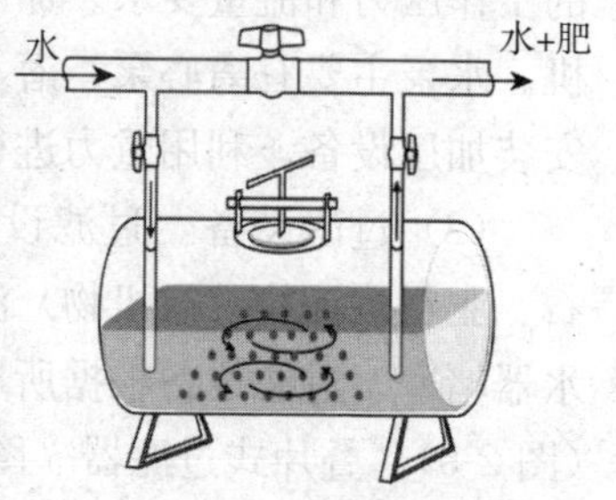

图 2-10　压差施肥罐示意图

（4）控制和量测设备　为了确保灌溉施肥系统正常运行，首部枢纽中还必须安装控制装置、保护装置、量测装置，如进排气阀、逆止阀、压力表和水表等。

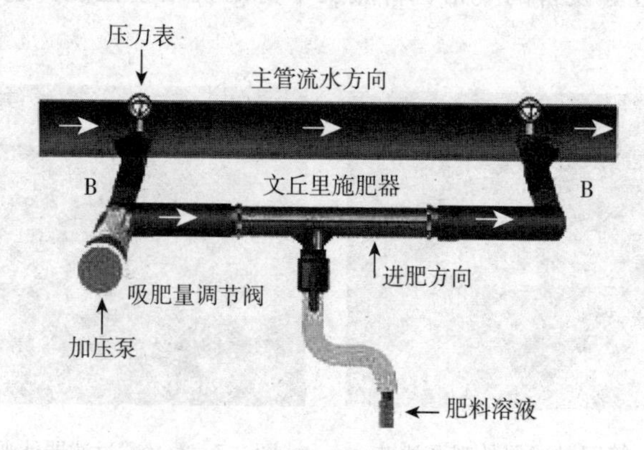

图 2-11　文丘里施肥器示意图

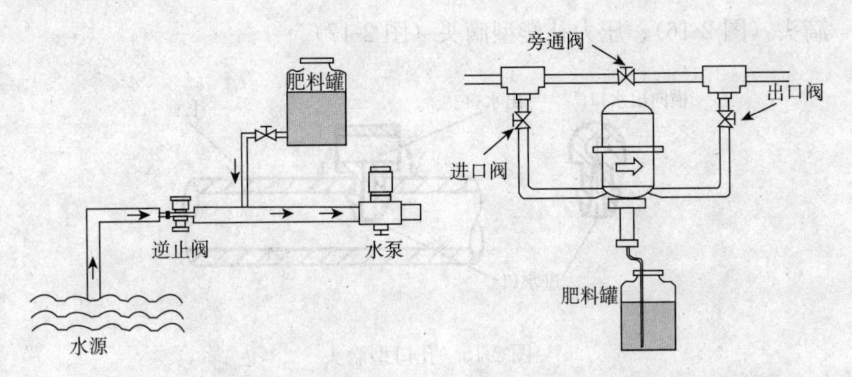

图 2-12　泵吸施肥法示意图　　　　图 2-13　泵注施肥法示意图

2. 输配水管网　水肥一体化技术中输配水管网包括干管、支管和毛管，由各种管件、连接件和压力调节器等组成，其作用是向田间和作物输水肥和配水肥。这里以微灌为例。

（1）管件　微灌用管道系统分为输配干管、田间支管和连接支管与灌水器的毛管，微灌用毛管多为聚乙烯管，其规格有 12、16、20、25、32、40、50、63 毫米等，其中 12、16 毫米主要作为滴灌管用。连接方式有内插式、螺纹连接式和螺纹锁紧式 3 种，内插式用于连接内径标准的管道，螺纹锁紧式用于连接外径标准的管道，螺纹连接式用于 PE 管道与其他材质管道的连接。微灌用的管件主要有直通、三通、旁通、管堵、胶垫。

（2）灌水器　微灌系统的灌水器根据结构和出流形式不同主要有滴头、滴灌管、滴灌带、微喷头、涌水器、渗灌管六类。

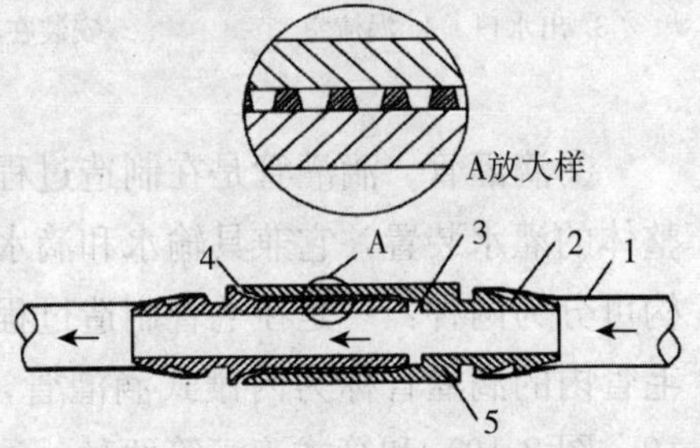

图 2-14　长流道型滴头

1. 毛管　2. 滴头　3. 滴头出水口　4. 螺纹流道槽　5. 流道

①滴头。滴头的分类方法很多，按滴头的消能方式分类，则可分为长流道型滴头（图 2-14）、孔口型滴头（图 2-15）、涡流型

滴头（图 2-16）、压力补偿型滴头（图 2-17）。

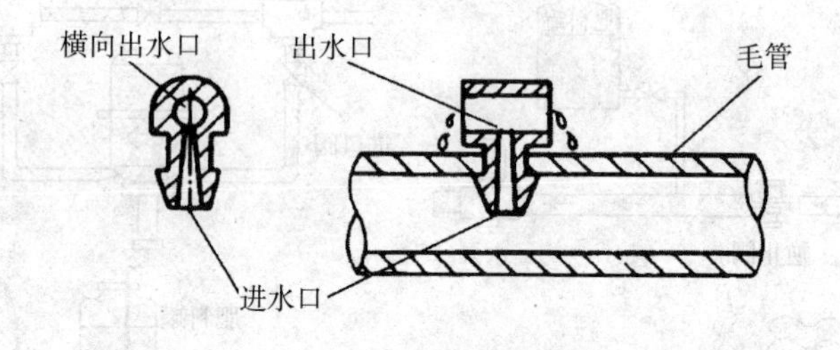

图 2-15　孔口型滴头

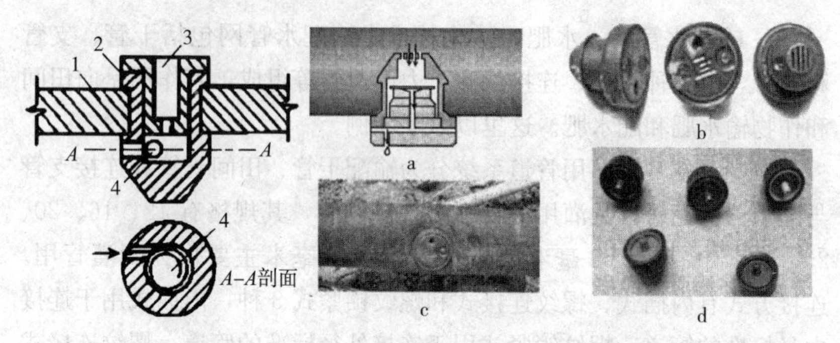

图 2-16　涡流型滴头

1. 毛管　2. 滴头体

3. 出水口　4. 涡流室

图 2-17　压力补偿型滴头

a. 剖面图　b. 开滴富滴头外形

c. 安装在毛管上的开滴富　d. 超滴富滴头外观

②滴灌管。滴灌管是在制造过程中将滴头与毛管一次成型为一个整体的灌水装置，它兼具输水和滴水两种功能。按滴灌管（带）的结构可分为两种：一是在毛管制造过程中，将预先制造好的滴头镶嵌在毛管内的滴灌管称为内镶式滴灌管，内镶滴管有片式滴灌管（图 2-18、图 2-19）和管式滴灌管两种。

管式滴灌管又分为紊流迷宫式滴灌管（图 2-20）、压力补偿型滴灌管（图 2-21）、内镶薄壁式滴灌管和短道迷宫式滴灌管。

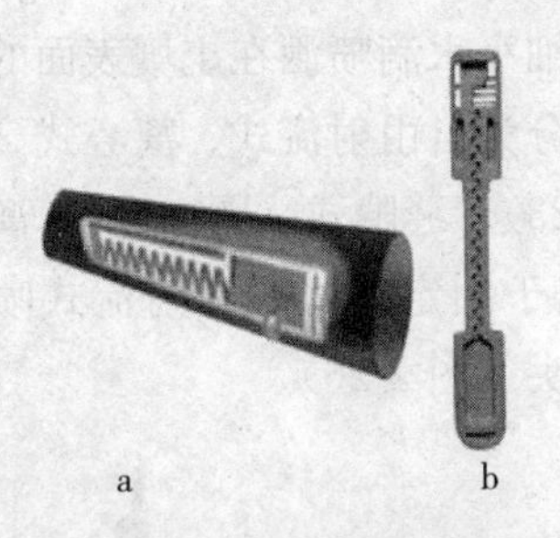

图 2-18　内镶贴片式滴灌管
a. 已成型的滴灌管　b. 片式

图 2-19　内镶贴片式滴灌管成品

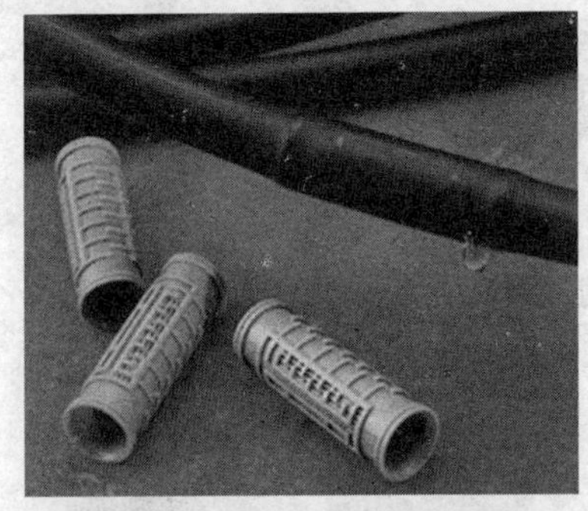

图 2-20　紊流迷宫式滴灌管

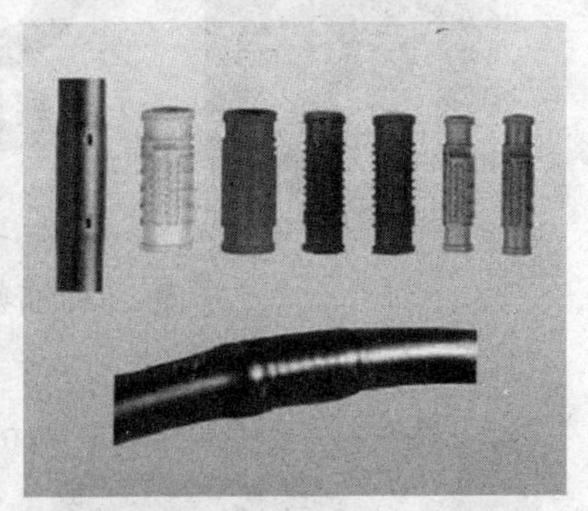

图 2-21　圆柱形压力补偿型滴灌管

③薄壁滴灌带。目前国内使用的薄壁滴灌带有两种：一种是在 0.2～1.0 毫米厚的薄壁软管上按一定间距打孔，灌溉水由孔口喷出湿润土壤；另一种是在薄壁管的一侧热合出各种形状的流道，灌溉水通过流道以水滴的形式湿润土壤，称为单翼迷宫式滴灌管（图 2-22）。

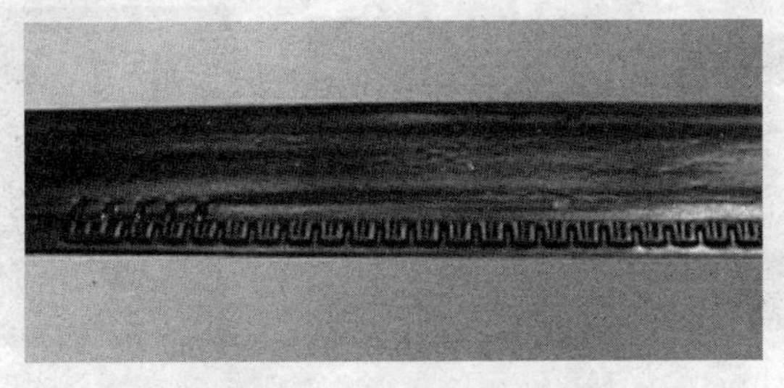

图 2-22　单翼迷宫式滴灌管

④微喷头。微喷头是将压力水流以细小水滴喷洒在土壤表面的灌水器。微喷头按其结构和工作原理可以分为自由射流式、离心式、折射式和缝隙式4类。其中折射式（图2-23）、缝隙式（图2-24）、离心式（图2-25）微喷头没有旋转部件，属于固定式喷头；射流式喷头具有旋转或运动部件，属于旋转式微喷头（图2-26）。

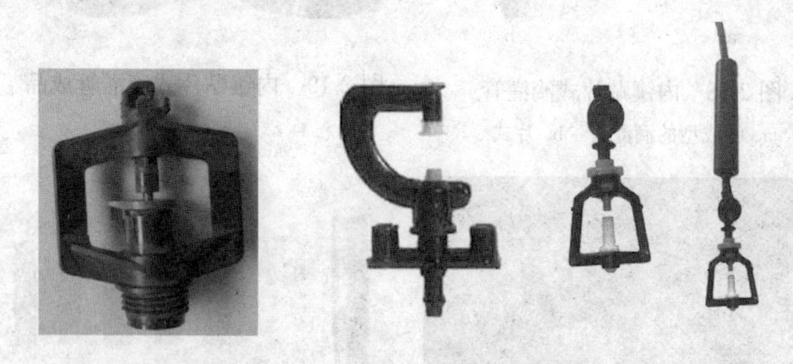

图2-23　折射式微喷头

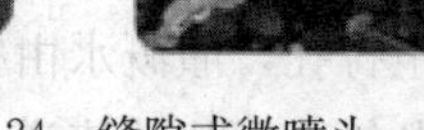

图2-24　缝隙式微喷头

图2-25　可调式离心式微喷头

图2-26　旋转式微喷头

四、水肥一体化系统操作

水肥一体化系统操作包括运行前的准备、灌溉操作、施肥操作和结束运行前的操作等工作。

1. 运行前的准备　运行前的准备工作主要是检查系统是否按设计要求安装到位，检查系统主要设备和仪表是否正常，对损坏或漏水的管段及配件进行修复。

（1）检查水泵与电机　检查水泵与电机所标示的电压、频率与电源电压是否相符，检查电机外壳接地是否可靠，检查电机是否漏油。

（2）检查过滤器　检查过滤器安装位置是否符合设计要求，是否有损坏，是否需要冲洗。介质过滤器在首次使用前，首先在罐内注满水并放入一包氯球，搁置30分钟后按正常使用方法反冲一次。此次反冲可预先搅拌介质，使其颗粒松散，接触面展开。然后充分清洗过滤器的所有部件，紧固所有螺丝。离心式过滤器冲洗时先打开压盖，将沙子取出冲净即可。网式过滤器手工清洗时，扳动手柄，放松螺杆，打开压盖，取出滤网，用软刷子刷洗筛网上的污物并用清水冲洗干净。叠片过滤器要检查和更换变形叠片。

（3）检查肥料罐或注肥泵　检查肥料罐或注肥泵的零部件以及与系统的连接是否正确，清除罐体内的积存污物以防进入管道系统。

（4）检查其他部件　检查所有的末端竖管，是否有折损或堵头丢失。前者取相同零件修理，后者补充堵头。检查所有阀门与压力调节器是否启闭自如，检查管网系统及其连接微管，如有缺损应及时修补。检查进排气阀是否完好，并打开。关闭主支管道上的排水底阀。

（5）检查电控柜　检查电控柜的安装位置是否得当。电控柜应防止阳光照射，并单独安装在隔离单元，要保持电控柜房间的干燥。检查电控柜的接线和保险是否符合要求，是否有接地保护。

2. 灌溉操作　水肥一体化系统包括单户系统和组合系统。组合系统需要分组轮灌。系统的简繁不同，灌溉作物和土壤条件不同都会影响到灌溉操作。

（1）管道充水试运行　在灌溉季节首次使用时，必须进行管道充水冲洗。充水前应开启排污阀或泄水阀，关闭所有控制阀门，在水泵运行正常后缓慢开启水泵出水管道上的控制阀门，然后从上游至下游逐条冲洗管道，充水中应观察排气装置工作是否正常。管道冲洗后应缓慢关闭泄水阀。

（2）水泵启动　要保证动力机在空载或轻载下启动。启动水泵前，首先关闭总阀门，并打开准备灌水的管道上所有排气阀排气，然后启动水泵向管道内缓慢充水。启动后观察和倾听设备运转是否有异常声音，在确认启动正常的情况下，缓慢开启过滤器及控制田间所需灌溉的轮灌组的田间控制阀门，开始灌溉。

（3）观察压力表和流量表　观察过滤器前后的压力表读数差异是否在规定的范围内，压差读数达到 7 米水柱，说明过滤器内堵塞严重，应停机冲洗。

（4）冲洗管道　新安装的管道（特别是滴灌管）第一次使用时，要先放开管道末端的堵头，充分放水冲洗各级管道系统，把安装过程中集聚的杂质冲洗干净后，封堵末端堵头，然后才能开始使用。

（5）田间巡查　要到田间巡回检查轮灌区的管道接头和管道是否漏水，各个灌水器是否正常。

3. 施肥操作　施肥过程是伴随灌溉同时进行的，施肥操作在灌溉进行 20～30 分钟后开始，并确保在灌溉结束前 20 分钟以上的时间内结束，这样可以保证对灌溉系统的冲洗和尽可能地减少化学物质对灌水器的堵塞。施肥操作前要按照施肥方案将肥料准备好，对于溶解性差的肥料可先将肥料溶解在水中。不同的施肥装置在操作细节上有所不同。

4. 轮灌组更替　根据水肥一体化灌溉施肥制度，观察水表水量确定达到要求的灌水量时，更换下一轮灌组地块，注意不要同时打开所有分灌阀。首先打开下一轮灌组的阀门，再关闭第一个轮灌组的阀门，进行下一轮灌组的灌溉，操作步骤按以上重复。

5. 结束灌溉　所有地块灌溉施肥结束后，先关闭灌溉系统水泵开关，然后关闭田间的各开关。对过滤器、施肥罐、管路等设备进行全面检查，达到下一次正常运行的标准。注意冬季灌溉结束后要把田间位于主支管道上的排水阀打开，将管道内的水尽量排净，以避免管道留有积水冻裂管道，此阀门冬季不必关闭。

五、水肥一体化系统的维护保养

要想保持水肥一体化技术系统的正常运行和提高其使用寿命，关键是要正确使用及良好地维护和保养。

1. 水源工程 水源工程建筑物有地下取水、河渠取水、塘库取水等多种形式，保持这些水源工程建筑物的完好，运行可靠，确保设计用水的要求，是水源工程管理的首要任务。

对泵站、蓄水池等工程经常进行维修养护，每年非灌溉季节应进行年修，保持工程完好。对蓄水池沉积的泥沙等污物应定期排除洗刷。开敞式蓄水池的静水中藻类易于繁殖，在灌溉季节应定期向池中投放绿矾，可防止藻类滋生。

灌溉季节结束后，应排除所有管道中的存水，封堵阀门和井。

2. 水泵 运行前检查水泵与电机的联轴器是否同心，间隙是否合适，皮带轮是否对正，其他部件是否正常，转动是否灵活，如有问题应及时排除。

运行中检查各种仪表的读数是否在正常范围内，轴承部位的温度是否太高，水泵和水管各部位有没有漏水和进气情况，吸水管道应保证不漏气，水泵停机前应先停启动器，后拉电闸。

停机后要擦净水迹，防止生锈；定期拆卸检查，全面检修；在灌溉季节结束或冬季使用水泵时，停机后应打开泵壳下的放水塞把水放净，防止锈坏或冻坏水泵。

3. 动力机械 电机在启动前应检查绕组对地的绝缘电阻、铭牌所标电压和频率与电源电压是否相符、接线是否正确、电机外壳接地线是否可靠等。电机运行中工作电流不得超过额定电流，温度不能太高。电机应经常除尘，保持干燥清洁。经常运行的电机每月应进行一次检查，每半年进行一次检修。

4. 管道系统 在每个灌溉季节结束时，要对管道系统进行全系统的高压清洗。在有轮灌组的情况下，要按轮灌组顺序分别打开各支管和主管的末端堵头，开动水泵，使用高压力逐个冲洗轮灌组的各级管道，力争将管道内积攒的污物等冲洗出去。在管道高压清洗结束后，应充分排净水分，把堵头装回。

5. 过滤系统

（1）网式过滤器　运行时要经常检查过滤网，发现损坏时应及时修复。灌溉季节结束后，应取出过滤器中的过滤网，刷洗干净，晾干后备用。

（2）叠片过滤器　打开叠片过滤器的外壳，取出叠片。先把各个叠片组清洗干净，然后用干布将塑壳内的密封圈擦干放回，之后开启底部集砂膛一端的丝堵，将膛中积存物排出，将水放净，最后将过滤器压力表下的选择钮置于排气位置。

（3）砂介质过滤器　灌溉季节结束后，打开过滤器罐的顶盖，检查砂石滤料的数量，并与罐体上的标识相比较，若砂石滤料数量不足应及时补充以免影响过滤质量。若砂石滤料上有悬浮物，要捞出。同时在每个罐内加入一包氯球，放置30分钟后，启动每个罐反冲2分钟、2次，然后打开过滤器罐的盖子和罐体底部的排水阀将水全部排净。单个砂介质过滤器反冲洗时，首先打开冲洗阀的排污阀，并关闭进水阀，水流经冲洗管由集水管进入过滤罐。双过滤器反冲洗时先关闭其中一个过滤罐上的三向阀门，同时打开该罐的反冲洗管进口，由另一过滤罐来的干净水通过集水管进入待冲洗罐内。反冲洗时，要注意控制反冲洗水流速度，使反冲流流速能够使砂床充分翻动，只冲掉罐中被过滤的污物，而不会冲掉过滤的介质。最后，将过滤器压力表下的选择钮置于排气位置。若罐体表面或金属进水管路的金属镀层有损坏，应立即清锈后重新喷涂。

6. 施肥系统 在进行施肥系统维护时，关闭水泵，开启与主管道相连的注肥口和驱动注肥系统的进水口，排除压力。

（1）注肥泵　先用清水洗净注肥泵的肥料罐，打开罐盖晾干，再用清水冲净注肥泵，然后分解注肥泵，取出注肥泵驱动活塞，用随机所带的润滑油涂在部件上，进行正常的润滑保养，最后擦干各部件重新组装好。

（2）施肥罐　首先仔细清洗罐内残液并晾干，然后将罐体上的软管取下并用清水洗净，软管要置于罐体内保存。每年在施肥罐的顶盖及手柄螺纹处涂上防锈液，若罐体表面的金属镀层有损坏，立即清锈后重新喷涂。注意不要丢失各个连接部件。

（3）移动式灌溉施肥机的维护保养　对移动式灌溉施肥机的使用应尽量做到专人管理，管理人员要认真负责，所有操作严格按技术操作规程进行；严禁动力机空转，在系统开启时一定要将吸水泵浸入水中；管理人员要定期检查和维护系统，保持整洁干净，严禁淋雨；定期更换机油（半年），检查或更换火花塞（1 年）；及时人工清洗过滤器滤芯，严禁在有压力的情况下打开过滤器；耕翻土地时需要移动地面管，应轻拿轻放，不要用力拽管。

7. 田间设备

（1）排水底阀　在冬季来临前，为防止冬季将管道冻坏，把田间位于主支管道上的排水底阀打开，将管道内的水尽量排净，此阀门冬季不关闭。

（2）田间阀门　将各阀门的手动开关置于打开的位置。

（3）滴灌管　在田间将各条滴灌管拉直，勿使其扭折。若冬季回收也要注意勿使其扭曲放置。

8. 预防滴灌系统堵塞

（1）灌溉水和水肥溶液先经过过滤或沉淀　在灌溉水或水肥溶液进入灌溉系统前，先经过一道过滤器或沉淀池，然后经过滤器后才进入输水管道。

（2）适当提高输水能力　根据试验，水的流量在 4～8 升/小时范围内，堵塞随流量增大而减到很小。但考虑流量越大，费用越高的因素，则最优流量约为 4 升/小时。

（3）定期冲洗滴灌管 滴管系统使用5次后，要放开滴灌管末端堵头进行冲洗，把使用过程中积聚在管内的杂质冲洗出滴灌系统。

（4）事先测定水质 在确定使用滴灌系统前，最好先测定水质。如果水中含有较多的铁、硫化氢、丹宁，则不适合滴灌。

（5）使用完全溶于水的肥料 只有完全溶于水的肥料才能进行滴灌施肥。不要通过滴灌系统施用一般的磷肥，磷会在灌溉水中与钙反应形成沉淀，堵塞滴头。最好不要混合几种不同的肥料，避免发生相关的化学作用而产生沉淀。

9. 细小部件的维护 水肥一体化系统是一套精密的灌溉装置，许多部件为塑料制品，在使用过程中要注意各步操作的密切配合，不可猛力扭动各个旋钮和开关。在打开各个容器时，注意一些小部件要依原样安回，不要丢失。

水肥一体化系统的使用寿命与系统保养水平有直接关系，保养越好，使用寿命越长，效益越持久。

六、水肥一体化技术灌溉制度的制定

1. 收集资料 首先要收集当地气象资料，包括常年降水量、降水月分布、气温变化、有效积温。其次要收集主要作物种植资料，包括播种期、需水特性、需水关键期、根系发育特点、种植密度、常年产量水平等。最后要收集土壤资料，包括土壤质地、田间持水量等。

2. 确定灌溉定额 灌溉的目的是补充降水量的不足，因此从理论上讲，微灌灌溉定额是作物全生育期的需水量与降水量的差值。表示为：

$$W_{总} = P_w - R_w$$

式中：$W_{总}$——灌溉定额（毫米或立方米）；P_w——作物全生育期需水量（毫米或立方米）；R_w——作物全生育期内的常年降水量（毫米或立方米）。

确定日光温室的灌溉定额时主要是考虑作物全生育期的需水量，因为R_w为零。作物全生育期需水量P_w则可以通过作物日耗水强度进行计算。

$$P_w = (作物日耗水量 \times 生育期天数) / \eta$$

式中：η为灌溉水利用系数。

灌溉定额是总体上的灌水量控制指标。但在实际生产中，降水量不仅在数量上要满足作物生长发育的需求，还需要在时间上与作物需水关键期吻合，才能充分利用自然降水，因此，还需要根据灌水次数和每次灌水量，然后对灌溉定额进行调整。

3. 确定灌水定额 灌水定额是指一次单位面积上的灌水量，通常以米^3/亩或毫米表示。灌水定额主要依据土壤的存贮水能力，一般土壤存贮水量的能力顺序为：黏土＞壤土＞沙土。以每次灌水达到田间持水量的90%计算，黏土的灌水定额最大，依次是壤土、沙土。灌水定额计算时需要土壤湿润比、计划湿润深度、土壤容重、灌溉上限与灌溉下限的差值和灌溉水利用系数等参数。

灌水定额的计算公式为：

$$W = 0.1phr(\theta_{max} - \theta_{min})/\eta$$

式中：W——灌水定额（毫米）；p——土壤湿润比（%）；h——计划湿润层深度（米）；r——土壤容重（克/厘米^3）；θ_{max}——灌溉上限，以占田间持水量的百分数表示（%），下同；θ_{min}——灌溉下限（%）；η——为灌溉水利用系数，在微灌条件下一般选取0.9～0.95。

4. 确定灌水时间间隔 灌水时间间隔（灌水周期）可采用以下公式计算；

$$T = \frac{W}{E} \times \eta$$

式中：T——灌水时间间隔（天）；W——灌水定额（毫米）；E——作物需水强度或耗水强度（毫米/天）；η——为灌溉水利用系数，在微灌条件下一般选取0.9～0.95。

不同作物的需水量不同，作物的不同生育阶段的需水量也不同，表2-11提供了一些作物的耗水强度。

表 2-11 主要作物的耗水强度

作物	滴灌（毫米/天）	微喷灌（毫米/天）
果树	3～5	4～6
葡萄、瓜类	3～6	4～7
蔬菜（保护地）	2～3	—
蔬菜（露地）	4～5	—
棉花	3～4	

5. 确定一次灌水延续时间 一次灌水延续时间是指完成一次灌水定额时所需要的时间，也间接地反映了微灌设备的工作时间。在每次灌水定额确定之后，灌水器的间距、毛管的间距和灌水器的出水量都直接影响灌水延续时间。

计算公式为：

$$t = WS_eS_r/q$$

式中：t——一次灌水延续时间（小时）；W——灌水定额（毫米）；S_e——灌水器间距（米）；S_r——毛管间距（米）；q——灌水器流量（升/小时）。

6. 确定灌水次数 当灌溉定额和灌水定额确定之后，就可以很容易地确定灌水次数。用公式表示为：

灌水次数=灌溉定额/灌水定额

采用微灌时，作物全生育期（或全年）的灌水次数比传统地面灌溉的次数多，并且随作物种类和水源条件等不同而不同。在露地栽培条件下，降水量和降水分布直接影响灌水次数。应根据墒情监测结果确定灌水的时间和次数。在设施栽培中进行微灌技术应用时，可以根据作物生育期分别确定灌水次数，累计得出作物全生育期或全年的灌水次数。

7. 确定灌溉制度 根据上述各项参数的计算，可以最终确定在当地气候、土壤等自然条件下，某种作物的灌水次数、灌水日期和灌水定额及灌溉定额，使作物的灌溉管理用制度化的方法确定下来。由于灌溉制度是以正常年份的降水量为依据的，在实际生产中，灌水次数、灌水日期和灌水定额需要根据当年的降水和作物生长情况进行调整。

七、水肥一体化技术的肥料选择与施用

1. 水肥一体化技术的常用肥料 水肥一体化技术对设备、肥料以及管理方式有着较高的要求。由于滴灌灌水器的流道细小或狭长，所以一般只能用水溶性固态肥料或液态肥，以防流道堵塞。而喷灌喷头的流道较大，且喷灌的喷水有如降雨一样，可以喷洒叶面肥，因此，喷灌施肥对肥料的要求相对要低一点。

（1）氮肥 常用于水肥一体化技术的氮肥见表 2-12。其中，尿素是最常用的氮肥，纯净，极易溶于水，在水中完全溶解，没有任何残余。尿素进入土壤后 3～5 天，经水解、氨化和硝化作用，转变为硝酸盐，供作物吸收利用。

表 2-12 用于水肥一体化技术的含氮肥料

肥料	养分含量	分子式	pH（1克/升，20℃）
尿素	46-0-0	$CO(NH_2)_2$	5.8
硫酸铵	21-0-0	$(NH_4)_2SO_4$	5.5
硝酸铵	34-0-0	NH_4NO_3	5.7
磷酸一铵	12-61-0	$NH_4H_2PO_4$	4.9
磷酸二铵	21-53-0	$(NH_4)_2HPO_4$	8.0
硝酸钾	13-0-46	KNO_3	7.0
硝酸钙	15-0-0	$Ca(NO_3)_2$	5.8
硝酸镁	11-0-0	$Mg(NO_3)_2$	5.4

(2) 磷肥　常用于水肥一体化技术的磷肥见表 2-13。其中，磷酸非常适合水肥一体化技术，通过滴注器或微型灌溉系统灌溉施肥时，建议使用酸性磷酸。

表 2-13　用于水肥一体化技术的含磷肥料

肥料	养分含量	分子式	pH（1克/升，20℃）
磷酸	0-52-0	H_3PO_4	2.6
磷酸二氢钾	0-52-34	KH_2PO_4	5.5
磷酸一铵	12-61-0	$NH_4H_2PO_4$	4.9
磷酸二铵	21-53-0	$(NH_4)_2HPO_4$	8.0

(3) 钾肥　常用于水肥一体化技术的钾肥见表 2-14。其中，氯化钾、硫酸钾、硝酸钾最为常用。

表 2-14　用于水肥一体化技术的含钾肥料

肥料	养分含量	分子式	pH（1克/升，20℃）	其他成分
氯化钾	0-0-60	KCl	7.0	46%Cl
硫酸钾	0-0-50	K_2SO_4	3.7	18%S
硝酸钾	13-0-46	KNO_3	7.0	
磷酸二氢钾	0-52-34	KH_2PO_4	5.5	
硫代硫酸钾	0-0-25	$K_2S_2O_3$		17%S

(4) 中微量元素　中微量元素肥料中，绝大部分溶解性好、杂质少。钙肥常用的有硝酸钙、硝酸铵钙。镁肥中常用的有硫酸镁，硝酸镁价格高很少使用，硫酸钾镁肥也越来越普及。水肥一体化技术常用的微肥是铁、锰、铜、锌的无机盐或螯合物。常用于水肥一体化技术的中微量元素肥料见表 2-15。

表 2-15 用于水肥一体化技术的中微量元素肥料

肥料	养分含量（%）	分子式	溶解度（每100毫升/克，20℃）
硝酸钙	Ca19	$Ca(NO_3)_2 \cdot 4H_2O$	100
硝酸铵钙	Ca19	$5Ca(NO_3)_2 \cdot NH_4NO_3 \cdot 10H_2O$	易溶
氯化钙	Ca27	$CaCl_2 \cdot 2H_2O$	75
硫酸镁	Mg9.6	$MgSO_4 \cdot 7H_2O$	26
氯化镁	Mg25.6	$MgCl_2$	74
硝酸镁	Mg9.4	$Mg(NO_3)_2 \cdot 6H_2O$	42
硫酸钾镁	Mg5～7	$MgSO_4 \cdot K_2SO_4$	易溶
硼酸	B17.5	H_3BO_3	6.4
硼砂	B11.0	$Na_2B_4O_7 \cdot 10H_2O$	2.1
水溶性硼	B20.5	$Na_2B_8O_{13} \cdot 4H_2O$	易溶
硫酸铜	Cu25.5	$CuSO_4 \cdot 5H_2O$	35.8
硫酸锰	Mn30.0	$MnSO_4 \cdot H_2O$	63
硫酸锌	Zn21.0	$ZnSO_4 \cdot 7H_2O$	54
钼酸	Mo59	$MoO_3 \cdot H_2O$	0.2
钼酸铵	Mo54	$(NH_4)_6Mo_7O_{24} \cdot 4H_2O$	150
螯合锌	Zn5～14	DTPA 或 EDTA	易溶
螯合铁	Fe4～14	DTPA、EDTA 或 EDDHA	易溶
螯合锰	Mn5～12	DTPA 或 EDTA	易溶
螯合铜	Cu5～14	DTPA 或 EDTA	易溶

（5）有机肥料　有机肥要用于水肥一体化技术，主要解决两个问题：一是有机肥必须液体化，二是要经过多级过滤。一般易沤腐、残渣少的有机肥都适合于水肥一体化技术；含纤维素、木质素多的有机肥不宜用于水肥一体化技术，如秸秆类。有些有机物料本身就是液体的，如酒精厂、味精厂的废液。但有些有机肥沤后含残渣太多不宜做滴灌肥料（如花生麸）。沤腐液体应用于滴灌更加方便。只要肥液不存在导致微灌系统堵塞的颗粒，均可直接使用。

(6) 水溶性复混肥　水溶性肥料是近几年兴起的一种新型肥料，是指经水溶解或稀释，用于灌溉施肥、无土栽培、浸种蘸根等用途的液体肥料或固体肥料。根据其组分不同，可以分为大量元素水溶肥料、微量元素水溶肥料、中量元素水溶肥料、含氨基酸水溶肥料、含腐殖酸水溶肥料。在这5类肥料中，大量水溶肥料既能满足作物多种养分需求，又适合水肥一体化技术，是未来发展的主要类型。除上述有标准要求的水溶肥料外，还有一些新型水溶肥料，如糖醇螯合水溶肥料、含海藻酸型水溶肥料、木醋液（或竹醋液）水溶肥料、稀土型水溶肥料、有益元素类水溶肥料等也可用于水肥一体化技术。

含氮、磷、钾养分大于50%及微量元素大于2%的固体水溶复混肥是目前市场上供应较多的品种。配方多，品牌多。常见配方有：高氮型（30-10-10+TE)、高磷型（9-45-15+TE、20-30-10+TE、10-30-20+TE、7-48-17+2Mg+TE、11-40-11+2Mg+TE等）、高钾型（15-10-30+TE、8-16-40+TE、12-5-37+2Mg+TE、6-22-31+2Mg+TE、14-9-27+2Mg+TE、12-12-32+2Mg+TE等）、平衡型（19-19-19+TE、20-20-20+TE、18-18-18+TE等）。

2. 施肥方案制定　施肥方案必须明确施肥量、肥料种类、肥料的使用时期。施肥量的确定要受到植物产量水平、土壤供肥量、肥料利用率、当地气候、土壤条件及栽培技术等综合因素的影响。确定施肥量的方法有很多，如养分平衡法、田间试验法等。具体办法可参考本章第一节测土配方施肥技术有关内容。

第三节　作物营养套餐施肥技术

近年来，农业部推广测土配方施肥技术采取“测土、试验、配方、配肥、供肥、施肥指导”一条龙服务的技术模式，因此，引入人体健康保健营养套餐理念，在测土配方施肥技术基础上建立作物营养套餐施肥技术，在提高或稳定作物产量基础上，改善作物品质、保护生态环境，为农业可持续发展作出相应的贡献。

一、作物营养套餐施肥技术内涵

作物营养套餐施肥技术是借鉴人体健康保健营养套餐理念，考虑人体营养元素与作物必需营养元素的关系，在测土配方的基础上，在养分归还学说、最小养分律、因子综合作用律等施肥基本理论指导下，按照各种作物生长营养吸收规律，综合调控作物生长发育与环境的关系，对农用化学品投入进行科学的选择、经济的配置，实现高产、高效、安全的栽培目标，统筹考虑栽培管理因素，以最优的配置、最少的投入、最优的管理，达到最高的产量。

1. 作物营养套餐施肥技术的基本理念　作物营养套餐施肥技术是在总结和借鉴国内外作物科学施肥技术和综合应用最新研究成果的基础上，根据作物的养分需求规律，针对各种作物主产区的土壤养分特点、结构性能差异、最佳栽培条件以及高产量、高质量、高效益的现代农业栽培目标，引入人体营养套餐理念，精心设计出的系统化的施肥方案。其核心理念是实现作物各种养分资源的科学配置及其高效综合利用，让作物“吃出营养”“吃出健康”“吃出高产高效”。

2. 作物营养套餐施肥技术的技术创新　作物营养套餐施肥技术有两大方面创新：一是从测土配方施肥技术中走出了简单掺混的误区，不仅仅是在测土的基础上设计每种作物需要的大、中、微量元素的数量组合，更重要的是为了满足各种作物养分需求中有机营养和矿质营养的定性配置。二是在营养套餐施肥方案中，除了传统的根部施肥配方外，还强调配合施用高效专用或通用的配方叶面肥，使两种施肥方式互相补充，相互完善，起到施肥增效作用。

3. 作物营养套餐施肥技术与测土配方施肥技术的区别　作物营养套餐施肥技术与作物测土配方施肥技术的不同之处在于：第一，作物测土配方施肥技术是以土壤为中心，作物营养套餐施肥技术是以作物为中心。营养套餐施肥技术强调作物与养分的关系，因此，要针对不同的土壤理化性质、作物特性，制定多种配方，真正做到按土壤、按作物科学施肥。第二，作物测土配方施肥技术施肥方式单一，作物营养套餐施肥技术施肥方式多样。营养套餐施肥技术实行配方化底肥、配方化追肥和配方化叶面肥三者结合，属于系统工程，要做到不同的配方肥料产品之间和不同的施肥方式之间的有机配合，才能做到增产提效，做到科学施肥。

4. 作物营养套餐施肥技术的技术内涵 作物营养套餐施肥技术是通过引进和吸收国内外有关作物营养科学的最新技术成果，融肥料效应田间试验、土壤养分测试、营养套餐配方、农用化学品加工、示范推广服务、效果校核评估为一体，组装技物结合连锁配送、技术服务到位的测土配方营养套餐系列化平台，逐步实现测土配方与营养套餐施肥技术的规范化、标准化。其技术内涵主要表现在以下方面。

（1）提高作物对养分的吸收能力 众所周知，大多数作物生长所需要的养分主要通过根系吸收；但也能通过茎、叶等根外器官吸收养分。因此，促进作物根系生长就能够大大提高养分的吸收利用率。通过合理施肥、植物生长调节剂、菌肥菌药，以及适宜的农事管理措施，均能有效促进根系生长。如德国康朴集团的“凯普克”、华南农业大学的“根得肥”、云南金星化工有限公司的“高活性有机酸水溶肥”、新疆慧尔农业有限公司的氨基酸生物复混肥、云南金星化工有限公司的 PPF 等。

（2）解决养分的科学供给问题 一是有机肥与无机肥并重。作物营养套餐施肥技术的一个重要内容就是在底肥中配置一定数量的生态有机肥、生物有机肥等精制商品有机肥，实施有机肥与无机肥并重的施肥原则，实现补给土壤有机质、改良土壤结构、提高化肥利用率的目的。二是保证大量元素和中微量元素的平衡供应。从养分平衡和平衡施肥的角度出发，在作物营养套餐施肥技术中，十分重视在科学施用氮、磷、钾化肥的基础上，合理施用微肥和有益元素肥。

（3）灵活运用多项施肥技术是作物营养套餐技术的重要内容 一是营养套餐施肥技术是肥料种类（品种）、施肥量、养分配比、施肥时期、施肥方法和施肥位置等项技术的总称。其中第一项技术均与施肥效果密切有关。只有在平衡施肥的前提下，各种施肥技术之间相互配合，互相促进，才能发挥肥料的最大效果。二是大量元素肥料应以基肥和追肥为主，基肥应以有机肥料为主和追肥应以氮、磷、钾肥为主。三是微量元素因为作物的需求量小，坚持根部补充与叶面补充相结合，充分重视叶面补充的重要性。四是在氮肥的施用上，提倡深施覆土，反对撒施肥料。五是化肥的施用量是个核心问题，要根据具体作物的营养需求和各个时期的需肥规律，确定合理的化肥用量，真正做到因作物施肥，按需施肥。六是在考虑底肥的施用量时，要统筹考虑追肥和叶面肥选用的品种和施用量，应做到各品种间的互相配合，互相促进，真正起到1＋1＋1>3的效果。

（4）坚持技术集成的原则，简化施肥程序与成本　作物套餐专用肥是根据耕地土壤养分实际含量和农作物的需肥规律，有针对性地配制生产出来的一种多元素掺混肥料。具有以下几个特点：一是配方灵活，可以满足营养套餐配方的需要。二是生产设备投资小，生产成本低，竞争力强。年产10万吨的复合肥生产造粒设备需要500万元，同样年产10万吨作物套餐专用肥设备仅需50余万元。三是作物套餐专用肥养分利用率高，并有利于保护环境。由于这种产品的颗粒大，养分释放较慢，肥效稳长，利于作物吸收，因而损失较少，可以减少肥料养分淋失，减少污染。四是添加各种新产品比较容易。作物套餐专用肥的生产工艺属于一种纯物理性质的搅拌（掺混）过程，只要解决了共容性问题，就可以容易地添加各种中微量元素、缓/控释尿素、硝态氮肥、有机物质，能够实现新产品的集成运用，形成相容互补的有利局面，能够真正帮助农民实现“只用一袋子肥料种地，也能实现增产增收”的梦想。

二、作物营养套餐施肥的技术环节

作物营养套餐施肥的重点技术环节主要包括：土壤样品的采集、制备与养分测试；肥料效应田间试验；测土配方营养套餐施肥的效果评价方法；县域施肥分区与营养套餐设计；作物营养套餐施肥技术的推广普及等。

1. 土壤样品的采集、制备与养分测试

(1) 混合土样的采集

①采样时间。在作物收获后或播种施肥前采集，一般在秋后；果园在果实采摘后第一次施肥前采集。进行氮肥追肥推荐时，应在追肥前或作物生长的关键时期采集。

②采样前的田间基本情况调查。调查记录内容：在田间取样的同时，调查田间基本情况。主要调查记录内容包括取样地块前茬作物种类、产量水平和施肥水平等。调查方法：询问陪同取样调查的村组人员和地块所属农户。

③采样数量。平均采样单元为100亩（平原区，大田作物每100～500亩采一个混合样；丘陵区、大田作物、大田园艺作物每30～80亩采一个混合样）。为便于田间示范追踪和施肥分区需要，采样集中在位于每个采样单元相对中心位置的典型农户，面积为1～10亩的典型地块为主。

④采样时间。粮食作物及蔬菜在收获后或播种前采集（上茬作物已经基本完成生育进程，下茬作物还没有施肥），一般在秋后。进行氮肥追肥推荐时，应在追肥前（或作物生长的关键时期）采用土壤无机氮测试或植株氮营养诊断方法。同一采样单元，无机氮每季或每年采集一次，或进行植株氮营养快速诊断；土壤有效磷、速效钾2～4年采集一次；中、微量元素3～5年采集一次。

⑤采样数量。要保证足够的采样点，使之能代表采样单元的土壤特性。采样点的多少，取决于采样单元的大小、土壤肥力的一致性等，一般以10～20个点为宜。

(2) 水田土样的采集　在水稻生长期间地表淹水情况下采集土样，要注意选择地面平坦的地方，这样采样才能一致，否则会因为土层深浅的不同而使表土速效养分含量产生差异。一般可用具有刻度的管形取土器采集土样。将管形取土器钻入一定深度的土层，取出土钻时，上层水即流走，剩下潮湿土壤，装入塑料袋中，多点取样，组成混合样品，其采样原则与混合样品采集相同。

（3）样品的风干、制备和保存

①将采回的土样放在木盘中或塑料布上，摊成薄薄的一层，置于室内通风阴干。为防止样品在干燥过程中发生成分与性质的改变，不能以太阳暴晒或烘箱烘干，即使因急需而使用烘箱，也只能限于低温鼓风干燥。在土样半干时，必须将大土块捏碎（尤其是黏性土壤），以免完全干后结成硬块，难以磨细。风干场所力求干燥通风，并要防止酸蒸汽、氨气和灰尘的污染。必要时应使用干净薄纸覆盖土面，避免尘埃、异物等落入。

样品风干后，应拣去动植物残体，如根、茎、虫体、石块等。如果石子过多，应当将拣出的石子称重，记下所占的百分数。

②粉碎过筛风干后的土样，用木棍研细，使之全部通过 2 毫米孔径的筛子，有条件时，可用土壤样品粉碎机粉碎。充分混匀后用四分法分成 2 份，1 份作为物理分析用；1 份作为化学分析用，即土壤 pH、交换性能、有效养分等测定之用。同时要注意，土壤不宜研得太细，以免破坏单个的矿物晶粒。因此，研碎土样时，不能用榔头锤打，因为矿物晶粒破坏后，暴露出新的表面，增加了有效养分的溶解。

为了保证样品不受到污染，必须注意制样的工具、窗口与存储方法等。磨制样品的工具应取未上过漆的木盘、木棒或木杵。对于坚硬的、必须通过很细筛孔的土粒，应用玛瑙乳钵和玛瑙杵研磨，因玛瑙（SiO_2）可使任何土粒研细通过 100 目的筛孔。但不可敲击玛瑙制品，以免损坏。在筛分样品时，应取尼龙网眼的筛子，不用金属筛，以免过筛时因摩擦而使金属成分进入样品。

全量分析的样品包括有机质、全氮等的测定不受磨碎的影响，而且为了减少称样误差和使样品容易分解，需要将样品磨得更细。方法是取部分已混匀的 2 毫米或 1 毫米的样品铺开，划成许多小方格，用骨匙多点取出土壤样品约 20 克，磨细，使之全部通过 100 目筛子。

③样品的保存。一般样品用磨口塞的广口瓶或塑料瓶保存半年至一年，以备必要时查核之用。样品瓶上标签必须注明样号、采样地点、土类名称、试验区号、深度、采样日期、筛孔、采集人等项目。

用于控制分析质量的标样叫标准物，可从国家标准物质中心购买。标准样品需长期保存，不能混杂，样品瓶贴上标签后，应以石蜡涂封，以保证不变。每份标准样品附各项分析结果的记录。

（4）土壤样品的养分测试 应按照测土配方施肥技术规范中的"土壤与养分测试"中提供的方法测试。

2. 肥料效应田间试验

（1）示范方案 每万亩测土配方营养套餐施肥田设2～3个示范点，进行田间对比示范。示范设置常规施肥对照区和测土配方营养套餐施肥区两个处理，另外，加设一个不施肥的空白处理。其中测土配方营养套餐施肥、农民常规施肥处理不少于200米，空白（不施肥）处理不少于30米。其他参照一般肥料试验要求。通过田间示范，综合比较肥料投入、作物产量、经济效益、肥料利用率等指标，客观评价测土配方营养套餐施肥效益，为测土配方营养套餐施肥技术参数的校正及进一步优化肥料配方提供依据。田间示范应包括规范的田间记录档案和示范报告。

（2）结果分析与数据汇总 对于每一个示范点，可以利用3个处理之间产量、肥料成本、产值等方面的比较从增产和增收等角度进行分析，同时也可以通过测土配方营养套餐施肥产量结果与计划产量之间的比较进行参数校验。

（3）农户调查反馈 农户是营养套餐施肥的具体应用者，通过收集农户施肥数据进行分析是评价营养套餐肥效效果与技术准确度的重要手段，也是反馈修正肥料配方的基本途径。因此，需要进行农户测土配方施肥的反馈与评价工作。该项工作可以由各级配方施肥管理机构组织进行独立调查，结果可以作为营养套餐配方施肥执行情况评价的依据之一，也是社会监督和社会宣传的重要途径，甚至可以作为配方技术人员工作水平考核的依据。

①测土样点农户的调查与跟踪。每县主要作物选择30～50个农户，填写农户测土配方施肥田块管理记载反馈表，留作测土配方施肥反馈分析。反馈分析的主要目的是评价测土农户执行配方施肥推荐的情况和效果，建议配方的准确度。

②农户施肥调查。每县选择100户左右的农户，开展农户施肥调查，最好包括测土配方农户和常规施肥农户，主要目的是评价配方施肥与常规施肥相比的效益。

3. 营养套餐施肥的效果评价方法

（1）测土配方营养套餐施肥农户与常规施肥农户比较　从养分投入量、作物产量、效益方面进行评价。通过比较两类农户氮、磷、钾养分投入量来检验测土配方营养套餐施肥的节肥效果，也可利用结果分析与数据汇总的方法计算测土配方营养套餐施肥的增产率、增收情况和投入产出效率。

（2）农户测土配方营养套餐施肥前后的比较　从农民执行测土配方施肥前后的养分投入量、作物产量、效益方面进行评价。通过比较农户采用测土配方施肥前后氮、磷、钾养分投入量来检验测土配方营养套餐施肥的节肥效果，也可利用结果分析与数据汇总中的方法计算测土配方营养套餐施肥的增产率、增收情况和投入产出效率。

（3）配方营养套餐施肥准确度的评价　从农户和作物两方面对测土配方营养套餐施肥技术准确度进行评价。主要比较测土推荐的目标产量和实践执行测土配方营养套餐施肥后获得的产量来判断技术的准确度，找出存在的问题和需要改进的地方，包括推荐施肥方法是否合适、采用的配方参数是否合理、丰缺指标是否需要调整等。也可以作为配方人员技术水平的评价指标。

4. 县域施肥分区与营养套餐设计

（1）收集与分析研究有关资料　作物测土配方营养套餐施肥技术的涉及面极广，诸如土壤类型及其养分供应特点、当地的种植业结构、各种农作物的养分需求规律、主要作物的产量状况及发展目标、现阶段的土壤养分含量、农民的习惯施肥做法等，无不关系到技术推广的成败。要搞好测土配方营养套餐施肥，就必须大量收集与分析研究有关资料，才能做出正确的科学施肥方案。例如，当地的第二次土壤普查资料、主要作物的种植生产技术现状、农民现有施肥特点、作物养分需求状况、肥料施用及作物技术的田间试验数据等，尤其是当地的土地利用现状图、土壤养分图等更应关注，可作为县域施肥分区制定的重要参考资料。

（2）确定研究区域　所谓确定研究区域，就是按照本区域的主栽作物及土壤肥力状况，分成若干县域施肥区域，根据各类施肥区内的测土化验资料（没有当时的测试资料也可参照第二次土壤普查的数据）和肥料田间试验结果，结合当地农民的实践经验，确定该区域的营养套餐施肥技术方案。具体应用时，一般以县为单位，按其自然区域及主栽作物分为几个套餐配方施肥区域，每个区又按土壤肥力水平分成若干个施肥分区，并分别制定分区内（主栽作物）的营养套餐施肥技术方案。

（3）县级土壤养分分区图的制作　县级土壤养分分区图的编制的基础资料便是分区区域内的土壤采样分析测试资料。如资料不够完整，也可参照第二次土壤普查资料及肥料田间试验资料编制。即首先将该分区内的土壤采样点标在施肥区域的土壤图上，并综合大、中、微量元素含量制定出整个分区的土壤养分含量的标准。例如，某县东部（或东北部）中氮高磷低钾缺锌，西部（或西北部）低氮中磷低钾缺锌、硼，北部（西北部）中氮中磷中钾缺锌等，并大致勾画出主要大部分元素变化分区界限，形成完整的县域养分分区图。原则上，每个施肥分区可以形成 2～3 个推荐施肥单元，用不同颜色分界。

（4）施肥分区和营养套餐方案的形成　根据当地的作物栽培目标及养分丰缺现状，并认真考虑影响该作物产量、品质、安全的主要限制因子等，就可以科学制定当地的施肥分区的营养套餐施肥技术方案了。

作物测土配方套餐施肥技术方案应根据如下内容：当地主栽作物

的养分需求特点；当地农民的现行施肥的误区；当地土壤的养分丰缺现状与主要增产限制因子；营养套餐施肥技术方案。

营养套餐施肥技术方案：①基肥的种类及推荐用量；②追肥的种类及推荐用量；③叶面肥的喷施时期与种类、用量推荐；④主要病虫草害的有效农用化学品投入时间、种类、用量及用法；⑤其他集成配套技术。

5. 作物营养套餐施肥技术的推广普及

（1）组织实施　以县、镇农技推广部门为主，企业积极参与，成立作物营养套餐施肥专家技术服务队伍；以点带面，推广作物营养套餐施肥技术；建立作物营养套餐施肥技物结合、连锁配送的生产、供应体系；按照"讲给农民听、做给农民看、带着农民干"的方式，开展农作物营养套餐施肥技术的推广普及工作。

（2）宣传发动　广泛利用多媒体宣传；层层动员和认真落实，让作物营养套餐施肥技术进村入户；召开现场会，扩大农作物营养套餐技术影响。

（3）技术服务　培训作物营养套餐施肥专业技术队伍；培训农民科技示范户；培训广大农民；强化产中服务，提高技术服务到位率。

第四节　新型肥料科学施用技术

新型肥料有别于传统的、常规的肥料，表现在功能拓展或功效提高、肥料形态更新、新型材料的应用、肥料运用方式的转变或更新等方面，能够直接或间接地为作物提供必需的营养成分；调节土壤酸碱度、改良土壤结构、改善土壤理化性质、生物化学性质；调节或改善作物的生长机制；改善肥料品质和性质或提高肥料的利用率。赵秉强等将新型肥料类型归纳为：缓/控释肥料、稳定性肥料、水溶性肥料、功能性肥料、商品化有机肥料、微生物肥料、增值尿素和有机无机复混肥料 8 个类型。

一、缓/控释肥料科学施用技术

缓/控释肥料是具有延缓养分释放性能的一类肥料的总称，在概念上可进一步分为缓释肥料和控释肥料，通常是指通过某种技术手段将肥料养分速效性与缓效性相结合，其养分的释放模式（释放时间和释放率）是以实现或更接近作物的养分需求规律为目的，具有较高养分利用率的肥料。

1. 缓/控释肥料的类型 主要有：聚合物包膜肥料、硫包衣肥料、包裹型肥料等。

（1）聚合包膜肥料 聚合包膜肥料是指肥料颗粒表面包裹了高分子膜层肥料。通常有两种制备工艺方法：一是喷雾相转化工艺，即将高分子材料制备成包膜剂后，用喷嘴涂布到肥料颗粒表面形成包裹层的工艺方法；二是反应成膜工艺，即将反应单体直接涂布到肥料颗粒表面，直接反应形成高分子聚合物膜层的工艺方法。

（2）硫包衣肥料 硫包衣肥料是指在传统肥料颗粒外表面包裹一层或多层阻滞肥料养分扩散的膜，来减缓或控制肥料养分的溶出速率。硫包衣尿素是最早产业化应用的硫包衣肥料。硫包衣尿素是使用硫黄为主要包裹材料对颗粒尿素进行包裹，实现对氮素缓慢释放的缓/控释肥料，一般含氮30%～40%、含硫10%～30%。生产方法有TVA法、改良TVA法等。

（3）包裹型肥料 包裹型肥料是一种或多种植物营养物质包裹另一种植物营养物质而形成的植物营养复合体，为区别聚合包膜肥料，包裹型肥料特指以无机材料为包裹层的缓释肥料产品，包裹层的物料所占比例达50%以上。包裹肥料的化工行业标准HG/T4217—2011《无机包裹型复混肥料（复合肥料）》已颁布实施。

2. 缓/控释肥料的特点 缓/控释肥料最大的特点是能使养分释放与作物吸收同步，简化施肥技术，实现一次施肥能满足作物整个生长期的需要，减少肥料损失，提高肥料利用率。

（1）缓/控释肥料的优点 缓/控释肥料的优点主要有：

①缓/控释肥料相对于速效化肥具有以下优点：在水中的溶解度小，养分元素在土壤中释放缓慢，减少了营养元素的损失；肥效长期、稳定，能源源不断地供给作物，满足整个生长期对养分的需求；由于缓/控释肥料养分释放缓慢，一次大量施用不会导致土壤盐分过高而“烧苗”；减少了肥料施用的数量和次数，节约成本。

②缓/控释肥料是农业部重点推广的肥料之一，是农业增产的“第三次革命”。相对于常规肥料具有以下特点：肥料利用率高，可达50%以上；养分释放平稳有规律，增产效果明显，增产率10%以上；大多数作物可实现一季只施一次肥，省时省力减少浪费；包膜材料采用多硫化合物，可以杀菌驱虫；长期使用可以改善土壤性状，蓄水保墒、通气保肥。

（2）缓/控释肥料的缺点　主要表现在：一是由于所用包膜材料或生产工艺复杂，致使缓/控释肥料价格高于常规肥料的2～5倍，似乎只能用于经济价值高的花卉、蔬菜、草坪等生产中；二是多数包膜材料在土壤中残留，造成二次污染。

3. 缓/控释肥料的施用

（1）肥料种类的选择　目前缓/控释肥料根据不同控释时期和不同养分含量有多个种类，不同控释时期主要对应于作物生育期长短，不同养分含量主要对应于不同作物的需肥量，因此，施肥过程中一定要针对性地选择施用。

（2）施用时期　缓/控释肥料一定要作基肥或前期追肥，即在作物播种或移栽前、作物幼苗生长期施用。

（3）施用量　建议单位面积缓/控释肥料的用量按照往年作物施用量的80%进行施用。需要注意的是，应根据不同目标产量和土壤条件相应地适当增减，同时还要注意氮、磷、钾适当配合和后期是否有脱肥现象发生。

（4）施用方法　施用缓/控释肥料要做到种肥隔离，沟（条）施覆土。种子与肥料间隔距离：农作物、蔬菜一般在7～10厘米，果树一般在15～20厘米。施入深度：农作物、蔬菜一般在10厘米，果树一般在30～50厘米。

二、尿素改性类肥料科学施用技术

尿素是一种高浓度氮肥，属于中性肥料，可用于生产多种复合肥料。目前我国尿素颗粒度占95%以上的是0.8～2.5毫米小颗粒，有强度低、易结块和破碎粉化等弊病；同时小颗粒尿素无法进一步加工成掺混肥料、包裹肥料、缓释或长效肥料等以提高肥料利用率。而生产大颗粒尿素，势必要大幅度增加造粒塔高度和塔径，也不现实。因此，需要对尿素进行改性，形成多种尿素改性类肥料，以提高肥料资源利用率。

1. 尿素改性类肥料类型　对传统肥料进行再加工，使其营养功能得到提高或使之具有新的特性和功能，是尿素一类改性肥料的重要内容。对传统化学肥料（如尿素）进行增效改性的主要技术途径有三类：

（1）缓释法增效改性　通过发展缓释肥料，调控肥料养分在土壤中的释放过程，最大限度地使土壤的供肥性与作物需肥规律一致，从而提高肥料利用率。缓释法增效改性的肥料产品通常称作缓释肥料，一般包括包膜缓释和合成微溶态缓释，包膜缓释主要有硫包衣和树脂包衣，合成微溶态缓释主要有脲甲醛类型。

（2）稳定法增效改性　通过添加脲酶抑制剂或/和硝化抑制剂，以降低土壤脲酶和硝化细菌活性，减缓尿素在土壤中的转化速度，从而减少挥发、淋洗等损失，提高氮肥利用率。

（3）增效剂法增效改性　指在肥料生产过程中加入海藻酸类、腐殖酸类、氨基酸类等天然活性物质所生产的肥料改性增效产品。海藻酸类、腐殖酸类、氨基酸类等增效剂都是天然物质或是植物源的，可以提高肥料利用率，且环保安全。通过向肥料中添加生物活性物质类肥料增效剂所生产的改性增效产品，通常称为增值肥料。近几年，海藻酸尿素、锌腐酸尿素、SOD尿素、聚能网尿素等增值尿素发展速度很快，年产量超过300万吨，累积推广面积1.5亿亩，增产粮食

45亿千克，减少尿素损失超过60万吨。

据全国各地试验证明，改性尿素具有广阔的应用推广前景，其社会效益和经济效益十分明显。在社会效益上，使用1吨改性尿素添加剂，可减少施用尿素100吨，减少30吨二氧化碳排放；减少了尿素施用量，可大幅降低叶菜类硝酸盐和亚硝酸盐含量，大幅降低农药残留，改善作物营养品质。在经济效益上，可减少尿素施用量的40%～50%，减少运输、撒施、人工等费用；一般可增产10%以上；产品卖相好，提高了商品销售率。

2. 脲醛类肥料科学施用 脲醛类肥料是由尿素和醛类在一定条件下反应制成的有机微溶性缓释性氮肥。

（1）脲醛类肥料种类和标准 目前主要有脲甲醛、异丁叉二脲、丁烯叉二脲、脲醛缓释复合肥等，其中最具代表性的产品是脲甲醛。脲甲醛不是单一化合物，是由链长与分子量不同的甲基尿素混合而成的，主要有未反应的少量尿素、羟甲基脲、亚甲基二脲、二亚甲基三脲、三亚甲基四脲、四亚甲基五脲、五亚甲基六脲等缩合物所组成的混合物，其全氮（N）含量大约为38%。有固体粉状、片状或粒状，也可以是液体形态。脲甲醛肥料的各成分标准为：总氮（TN）≥36.0%，尿素氮（UN）≤5.0%，冷水不溶性氮（CWIN）≥14.0%，热水不溶性氮（HWIN）≤16.0%，缓效有机氮≥8.0%，活性指数≥40.0%，水分≤3.0%。

脲醛缓释复合肥是以脲醛树脂为核心原料的新型复合肥料。该肥料在不同温度下分解速度不同，满足作物不同生长期的养分需求，养分利用率高达50%以上，肥效是同含量普通复合肥的1.6倍以上；该肥料无外包膜、无残留，养分释放完全，减轻养分流失和对土壤水源的污染。

我国2010年颁布了化工行业标准HG/T4137—2010《脲醛缓释肥料》，并于2011年3月1日起实施。脲醛缓释肥料的技术要求如表2-16；对含有部分脲醛肥料的复混肥料的技术要求如表2-17。

表 2-16　脲醛缓释肥料的技术要求

项目		指标		
		脲甲醛	异丁叉二脲	丁烯叉二脲
总氮（TN）的质量分数	≥	36.0	28.0	28.0
尿素氮（UN）的质量分数	≤	5.0	3.0	3.0
冷水不溶性氮（CWIN）的质量分数	≥	14.0	25.0	25.0
热水不溶性氮（HWIN）的质量分数	≤	10.0		
缓释有效氮的质量分数	≥	8.0	25.0	25.0
活性系数（AD）	≥	40	—	—
水分（H_2O）的质量分数*	≤		3.0	
粒度（1.00～4.75 毫米或 3.35～5.60 毫米）**	≥		90	

注：*对于粉状产品，水分质量分数≤5.0%；**对于粉状产品，粒度不做要求，特殊形状或更大颗粒（粉状除外）产品的粒度可由供需双方协议确定。

表 2-17　含有部分脲醛缓释肥料的技术要求

项目		指标
缓释有效氮（以冷水不溶性氮 CWIN 计）的质量分数①	≥	标明值
总氮（TN）的质量分数②	≥	18.0
中量元素单一养分的质量分数（以单质计）③	≥	2.0
微量元素单一养分的质量分数（以单质计）④	≥	0.02

注：①肥料为单一氮养分时，缓释有效氮（以冷水不溶性氮 CWIN 计）不应小于 4.0%；肥料养分为两种或两种以上时，缓释有效氮（以冷水不溶性氮 CWIN 计）不应小于 2.0%，应注明缓释氮的形式，如脲甲醛、异丁叉二脲、丁烯叉二脲。②该项目仅适用于含有一定量脲醛缓释肥料的缓释氮肥。③包装容器标明含有钙、镁、硫时检测该项指标。④包装容器标明含有铜、铁、锰、硼、钼时检测该项指标。

（2）脲醛类肥料的特点　脲醛类肥料的特点主要表现在：一是可控。根据作物的需肥规律，通过调节添加剂多少的方式可以任意设计并生产不同释放期的缓释肥料。二是高效。养分可根据作物的需求释放，需求多少释放多少，大大减少养分的损失，提高肥料的利用率。三是环保。养分向环境散失少，同时包壳可完全生物降解，对环境友好。四是安全。较低盐分指数，不会烧苗伤根。五是经济。可一次施用，整个生育期均发挥肥效，同时较常规施肥可减少用量，节肥、节约劳动力。

(3) 脲醛肥料的选择和施用 脲醛类肥料只适合作基肥施用，除了草坪和园林外，如果在水稻、小麦、棉花等大田作物施用时，应适当配合速效水溶性氮肥。

3. 稳定性肥料的科学施用 稳定性肥料是指在生产过程中加入了脲酶抑制剂和（或）硝化抑制剂，施入土壤后能通过脲酶抑制剂抑制尿素的水解和（或）通过硝化抑制剂抑制铵态氮的硝化，使肥效期得到延长的一类含氮（含酰胺态氮/铵态氮）肥料，包括含氮的二元或三元肥料和单质氮肥。

(1) 稳定性肥料主要类型 包括含硝化抑制剂和脲酶抑制剂的缓释产品，如添加双氰胺、3,4-二甲基吡唑磷酸盐、正丁基硫代磷酰三胺、氢醌等抑制剂的稳定肥料。

目前，脲酶抑制剂主要类型有：一是磷胺类，如环乙基磷酸三酰胺、硫代磷酰三胺、磷酰三胺、N-丁基硫代磷酰三胺、N-丁基磷酰三胺等，主要官能团为 P＝O 或 S＝PNH_2。二是酚醌类，如对苯醌、氢醌、醌氢醌、蒽醌、菲醌、1，4-对苯二酚、邻苯二酚、间苯二酚、苯酚、甲苯酚、苯三酚、茶多酚等，其主要官能团为酚羟基醌基。三是杂环类，如六酰氨基环三磷腈、硫代吡啶类、硫代吡唑-N-氧化物等，主要特征是均含有—N＝基及含—O—基团。

硝化抑制剂的原料有：含硫氨基酸（蛋氨酸、甲硫氨酸等），其他含硫化合物（二甲基二硫醚、二硫化碳、烷基硫醇、乙硫醇、硫代乙酰胺、硫代硫酸、硫代氨基甲酸盐等），硫脲、烯丙基硫脲、烯丙基硫醚等，双氰胺、吡唑及其衍生物等。

(2) 稳定性肥料的特点 稳定性肥料采用了尿素控释技术，可以使氮肥有效期延长到60～90天，有效时间长；稳定性肥料有效抑制了氮素的硝化作用，可以提高氮肥利用率10%～20%，40千克稳定性控释型尿素相当于50千克普通尿素。

（3）稳定性肥料的施用　可以作基肥和追肥，施肥深度7～10厘米，种肥隔离7～10厘米。作基肥时，将总施肥量折纯氮的50%施用稳定性肥料，另外50%施用普通尿素。

稳定性肥料施用时应注意：由于稳定性肥料速效性慢，持久性好，需要较普通肥料提前3～5天；稳定性肥料的肥效可达到60～90天，常见蔬菜、大田作物一季施用一次就可以，注意配合施用有机肥，效果理想；如果是作物生长前期，以长势为主的话，需要补充普通氮肥；各地的土壤墒情、气候、土壤质地不同，需要根据作物生长状况进行肥料补充。

4. 增值尿素的科学施用　增值尿素是指在基本不改变尿素生产工艺基础上，增加简单设备，向尿素液体中直接添加生物活性类增效剂所生产的尿素增值产品。增效剂主要是指利用海藻酸、腐殖酸和氨基酸等天然物质经改性获得的、可以提高尿素利用率的物质。

（1）增值尿素的产品要求　增值尿素产品具有产能高、成本低、效果好的特点。增值尿素产品应符合以下原则：含氮（N）量不低于46%，符合尿素产品含氮量的国家标准；可建立添加增效剂的增值尿素质量标准，具有常规的可检测性；增效剂微量高效，添加量为0.05%～0.5%；工艺简单，成本低；增效剂为天然物质及其提取物或合成物，对环境、作物和人体无害。

（2）增值尿素的主要类型　目前，市场上的增值尿素主要产品有：

①木质素包膜尿素。木质素是一种含有许多负电基团的多环高分子有机物，对土壤中的高价金属离子有较强的亲和力。木质素比表面积大、质轻，作为载体与氮、磷、钾、微量元素混合，养分利用率可达80%以上，肥效可持续20周之久；无毒，能降解，能被微生物降解成腐殖酸，可以改善土壤理化性质，提高土壤通透性，防止板结；在改善肥料的水溶性、降低土壤中脲酶活性以及减少有效成分被土壤组分固持、提高磷的活性等方面有明显效果。

②腐殖酸尿素。腐殖酸与尿素通过科学工艺进行有效复合，可以

使尿素养分具有缓释性，并通过改变尿素在土壤中的转化过程和减少氮素的损失，改善养分的供应，从而提高氮肥利用率。如锌腐酸尿素，添加锌腐酸增效剂为每吨尿素 10～50 千克，颜色为棕色至黑色，腐殖酸含量≥0.15%，腐殖酸沉淀率≤40%，含氮量≥46%。

③海藻酸尿素。在尿素常规生产工艺过程中，添加海藻酸增效剂（含有海藻酸、吲哚乙酸、赤霉素、萘乙酸等）生产的增值尿素，可促进作物根系生长，提高根系活力，增强作物吸收养分能力；可抑制土壤脲酶活性，降低尿素的氨挥发损失；发酵海藻增效剂中的物质与尿素发生反应，通过氢键等作用力延缓尿素在土壤中的释放和转化过程；海藻酸尿素还可以起到抗旱、抗盐碱、耐寒、杀菌和提高产品品质等作用。海藻酸尿素，添加海藻酸增效剂为每吨尿素 10～30 千克，颜色为浅黄色至浅棕色，海藻酸含量≥0.03%，含氮量≥46%，尿素残留差异率≥10%，氨挥发抑制率≥10%。

④禾谷素尿素。在尿素常规生产工艺过程中，添加禾谷素增效剂（以天然谷氨酸为主要原料经聚合反应而生成的）生产的增值尿素，其中谷氨酸是植物体内多种氨基酸合成的前体，在作物生长过程中起着至关重要作用；谷氨酸在植物体内形成的谷氨酰胺，储存氮素并能消除因氨浓度过高产生的毒害作用。因此，禾谷素尿素可促进作物生长，改善氮素在作物体内的储存形态，降低氨对作物的危害，提高养分利用率，可补充土壤的微量元素。禾谷素尿素，添加禾谷素增效剂为每吨尿素 10～30 千克，颜色为白色至浅黄色，含氮量≥46%，谷氨酸含量≥0.08%，氨挥发抑制率≥10%。

⑤纳米尿素。在尿素常规生产工艺过程中，添加纳米碳生产的增值尿素，纳米碳进入土壤后能溶于水，使土壤的 EC 值增加 30%，可直接形成 HCO_3^-，以质流的形式进入根系，进而随着水分的快速吸收，携带大量的氮、磷、钾等养分进入植物合成叶绿体和线粒体，并快速转化为生物能淀粉粒，因此纳米碳起到生物泵作用，增加作物根系吸收养分和水分的潜能。每吨纳米尿素成本增加 200～300 元，在高产条件下可节肥 30%左右，每亩综合成本下降 20%～25%。

⑥多肽尿素。在尿素溶液中加入金属蛋白酶，经蒸发器浓缩造粒而成。酶是生物发育成长不可缺少的催化剂，因为生物体进行新陈代谢的所有化学反应，几乎都是在生物催化剂酶的作用下完成的。多肽是涉及生物体内各种细胞功能的生物活性物质。肽键是氨基酸在蛋白质分子中的主要连接方式，肽键金属离子化合而成的金属蛋白酶具有很强的生物活性，鲜明地体现了生物的识别、催化、调节等功能，可激化化肥，促进化肥分子活跃。金属蛋白酶可以被植物直接吸收，因此可节省植物在转化微量元素中所需要的“体能”，大大促进植物生长发育。经试验，施用多肽尿素，作物一般可提前5～15天成熟（玉米提前5天左右，棉花提前7～10天，番茄提前10～15天），且可以提高化肥利用率和农作物品质等。

⑦微量元素增值尿素。指在熔融的尿素中添加2%的硼砂和1%硫酸铜的大颗粒尿素。试验表明，含有硼、铜的尿素可以减少尿素中氮损失，既能使尿素增效，又能使作物得到硼、铜等微量元素营养，提高产量。硼、铜等微量元素能使尿素增效的机理是：硼砂和硫酸铜有抑制脲酶的作用及抑制硝化和反硝化细菌的作用，从而提高尿素中氮的利用率。

（3）增值尿素的施用　理论上，增值尿素可以和普通尿素一样，应用在所有适合施用尿素的作物上，但是不同的增值尿素其施用时期、施用量、施用方法等是不一样的，施用时需注意以下事项。

①施用时期。木质素包膜尿素不能和普通尿素一样，只能作基肥一次性施用。其他增值尿素可以和普通尿素一样，既可以作基肥，也可以作追肥。

②施肥量。增值尿素可以提高氮肥利用率10%～20%，因此，施用量可比普通尿素减少10%～20%。

③施肥方法。增值尿素不能像普通尿素那样表面撒施，应当采取沟施、穴施等方法，并应适当配合有机肥、普通尿素、磷钾肥及中微量元素肥料施用。增值尿素也不适合作叶面肥施用，不适合作冲施肥、滴灌或喷灌水肥一体化施用。

三、水溶性肥料科学施用技术

水溶性肥料是指经水溶解或稀释，用于灌溉施肥、叶面施肥、无土栽培、浸种蘸根等用途的液体或固体肥料。养分含量多用 N-P_2O_5-K_2O+TE 来表示，如 20-20-20+TE 表示这个水溶性肥料中总氮量为 20%、五氧化二磷为 20%、氧化钾为 20%，并含有微量元素。

1. 水溶性肥料的类型　水溶性肥料类型多种多样，广义上包括农标水溶肥料和部分传统的化学肥料。农标水溶肥料是指农业部行业标准规定的水溶性肥料产品；传统的化学肥料具有水溶性特点的有硫酸铵、尿素、硝酸铵、磷酸铵、氯化钾、硫酸钾、硝酸钾、氯化铵、碳酸氢铵、磷酸二氢钾，可溶性的具有国家标准的单一微量元素肥料，以及其他配方的水溶性肥料产品和改变剂型的单质微量元素水溶肥料等。狭义上主要是指农标水溶肥料。

（1）大量元素水溶肥料　大量元素水溶肥料是以氮、磷、钾大量元素为主，按照适合作物生长所需比例，添加微量元素或中量元素制成的液体或固体水溶肥料。产品标准为 NY1107—2010。大量元素水溶肥料主要有以下两种类型：大量元素水溶肥料（中量元素型）和大量元素水溶肥料（微量元素型），每种类型又分固体和液体两种剂型。产品技术指标应符合表 2-18、表 2-19 的要求。

表 2-18　大量元素水溶肥料（中量元素型）技术指标

项目		固体指标	液体指标
大量元素含量*	≥	50.0%	500 克/升
中量元素含量**	≥	1.0%	10 克/升
水不溶物含量	≤	5.0%	50 克/升
pH（1∶250 倍稀释）		3.0～9.0	
水分（H_2O）	≤	3.0%	—

注：*大量元素含量指 N、P_2O_5、K_2O 含量之和，产品应至少包含两种大量元素，单一大量元素含量不低于 4.0%（40 克/升）；**中量元素含量指钙、镁元素含量之和，产品应至少包含一种中量元素，单一中量元素含量不低于 0.1%（1 克/升）。

表 2-19　大量元素水溶肥料（微量元素型）技术指标

项目		固体指标	液体指标
大量元素含量*	≥	50.0%	500 克/升
微量元素含量**	≥	0.2%～3.0%	2～30 克/升
水不溶物含量	≤	5.0%	50 克/升
pH（1∶250 倍稀释）		3.0～9.0	
水分（H_2O）	≤	3.0%	—

注：*大量元素含量指 N、P_2O_5、K_2O 含量之和，产品应至少包含两种大量元素，单一大量元素含量不低于 4.0%（40 克/升）；**微量元素含量指铜、铁、锰、锌、硼、钼元素含量之和，产品应至少包含一种微量元素，含量不低于 0.05%（0.5 克/升）的单一微量元素均应计入微量元素含量中，钼元素含量不高于 0.5%（5 克/升）（单质含钼微量元素产品除外）。

（2）微量元素水溶肥料　微量元素水溶肥料是由铜、铁、锰、锌、硼、钼微量元素按照作物生长所需比例制成的或单一微量元素制成的液体或固体水溶肥料。产品标准为 NY1428—2010。外观要求为：均匀的液体；均匀、松散的固体。微量元素水溶肥料产品技术指标应符合表 2-20 的要求。

表 2-20　微量元素水溶肥料技术指标

项目		固体指标	液体指标
微量元素含量*	≥	10.0%	100 克/升
水不溶物含量	≤	5.0%	50 克/升
pH（1∶250 倍稀释）		3.0～10.0	
水分（H_2O），%	≤	6.0%	—

注：*微量元素含量指铜、铁、锰、锌、硼、钼元素含量之和。产品应至少包含一种微量元素。含量不低于 0.05%（0.5 克/升）的单一微量元素均应计入微量元素含量中。钼元素含量不高于 1.0%（10 克/升）（单质含钼微量元素产品除外）。

（3）中量元素水溶肥料　中量元素水溶肥料由钙、镁等中量元素按照适合作物生长所需比例，或添加微量元素制成的液体或固体水溶肥料。产品标准为NY2266—2012。中量元素水溶肥料产品技术指标应符合表2-21的要求。

表2-21　中量元素水溶肥料技术指标

项目		固体指标	液体指标
中量元素含量*	≥	10.0%	100克/升
水不溶物含量	≤	5.0%	50克/升
pH（1∶250倍稀释）		3.0～9.0	
水分（H_2O），%	≤	3.0%	—

注：*中量元素含量指钙含量，或镁含量，或钙镁含量之和。含量不低于1.0%（10克/升）的钙或镁均应计入中量元素含量中。硫含量不计入中量元素含量，仅在标识中标注。

（4）含氨基酸水溶肥料　是以游离氨基酸为主体的，按适合植物生长所需比例，添加适量钙、镁中量元素或铜、铁、锰、锌、硼、钼微量元素而制成的液体或固体水溶肥料。产品标准为NY1429—2010。含氨基酸水溶肥料产品技术指标应符合表2-22、表2-23。

表2-22　含氨基酸水溶肥料（中量元素型）技术指标

项目		固体指标	液体指标
游离氨基酸含量	≥	10.0%	100克/升
中量元素含量*	≥	3.0%	30克/升
水不溶物含量	≤	5.0%	50克/升
pH（1∶250倍稀释）		3.0～9.0	
水分（H_2O）	≤	4.0%	—

注：*中量元素含量指钙、镁元素含量之和。产品应至少包含一种中量元素。含量不低于0.1%（1克/升）的单一中量元素均应计入中量元素含量中。

表 2-23　含氨基酸水溶肥料（微量元素型）技术指标

项目		固体指标	液体指标
游离氨基酸含量	≥	10.0%	100 克/升
微量元素含量*	≥	2.0%	20 克/升
水不溶物含量	≤	5.0%	50 克/升
pH（1∶250 倍稀释）		3.0～9.0	
水分（H_2O）	≤	4.0%	—

注：*微量元素含量指铜、铁、锰、锌、硼、钼元素含量之和。产品应至少包含一种微量元素。含量不低于 0.05%（0.5 克/升）的单一微量元素均应计入中量元素含量中。钼元素含量不高于 0.5%（5 克/升）

（5）含腐殖酸水溶肥料　以适合植物生长所需比例的矿物源腐殖酸，添加适量比例的氮、磷、钾大量元素或铜、铁、锰、锌、硼、钼微量元素而制成的液体或固体水溶肥料。产品标准为 NY1106—2010。含腐殖酸水溶肥料产品技术指标应符合表 2-24、表 2-25。

表 2-24　含腐殖酸水溶肥料（大量元素型）技术指标

项目		固体指标	液体指标
腐殖酸含量	≥	3.0%	30 克/升
大量元素含量*	≥	20.0%	200 克/升
水不溶物含量	≤	5.0%	50 克/升
pH（1∶250 倍稀释）		4.0～10.0	
水分（H_2O）	≤	5.0%	—

注：*大量元素含量指氮、磷、钾元素含量之和。产品应至少包含两种大量元素，单一大量元素含量不低于 2.0%（20 克/升）的单一大量元素均应计入大量元素含量中。

表 2-25 含腐殖酸水溶肥料（微量元素型）技术指标

项目		固体指标	液体指标
腐殖酸含量	≥	3.0%	30 克/升
微量元素含量*	≥	6.0%	60 克/升
水不溶物含量	≤	5.0%	50 克/升
pH（1∶250 倍稀释）		4.0～10.0	
水分（H_2O）	≤	5.0%	—

注：*微量元素含量指铜、铁、锰、锌、硼、钼元素含量之和。产品应至少包含一种微量元素。含量不低于 0.05%（0.5 克/升）的单一微量元素均应计入中量元素含量中。钼元素含量不高于 0.5%（5 克/升）。

2. 水溶性肥料的特点 水溶性肥料的最大特点是完全溶解于水，是一种速效性肥料。

（1）全营养、全水溶、易吸收 与传统的肥料品种相比，水溶性肥料具有明显的优势。它是一种可以完全溶于水的多元复合肥料，能迅速地溶解于水中，容易被作物吸收，吸收利用率相对较高，关键是它可以实现水肥一体化，应用于喷灌、滴灌等设施农业，达到省水省肥省工的效能。

（2）节水节肥、安全高效 其主要特点是使用方便，用量少，节水节肥，成本低，吸收快，营养成分利用率极高。由于水溶性肥料的施用方法是随水灌溉，所以使得施肥极为均匀，这也为提高产量和品质奠定了坚实的基础。人们可以根据作物生长所需要的营养需求特点来设计配方。科学的配方不会造成肥料的浪费，计算其肥料利用率差不多是常规复合化学肥料的 2～3 倍。

（3）速效可控、方便配方施肥 水溶性肥料是一个速效肥料，可以让种植者较快地看到肥料的效果和表现，并可以根据作物不同长势和生长期对肥料配方作出调整。

由于水溶肥料配方灵活，能够满足现代施肥技术的“四适”的要求，即适土壤、适作物、适时、适量。根据土壤肥力水平、养分含量的多寡，根据作物不同生长时期需肥特性，及时补充作物缺少的养分，结合先进的灌水设施可以实现少量多次定量施肥，施肥方便，不受作物生育期的影响。

（4）施用便捷、省时省工　水溶性肥料的施用方法十分简便，它可以随着灌溉水包括喷灌、滴灌等方式进行灌溉时施肥，节水节肥的同时还节约了劳动力，在劳动力成本日益高涨的今天，使用水溶性肥料的效益是显而易见的。

3. 水溶性肥料的安全施用　水溶性肥料不但配方多样而且使用方法十分灵活，一般有三种：

（1）土壤浇灌　在土壤浇水或者灌溉的时候，将水溶性肥料先行混合在灌溉水中，这样可以让植物根部全面地接触到肥料，通过根的呼吸作用把化学营养元素运输到植株的各个组织中。

（2）叶面施肥或浸种　把水溶性肥料先行稀释溶解于水中进行叶面喷施，或者与非碱性农药一起溶于水中进行叶面喷施，通过叶面气孔进入植株内部。对于一些幼嫩的植物或者根系不太好的作物出现缺素症状时是一个最佳纠正缺素症的选择，极大地提高了肥料吸收利用效率。浸种时一般用水稀释100倍，浸种6～8小时，沥水晾干后即可播种。叶面喷施应注意以下几点：

①喷施浓度。喷施浓度以既不伤害作物叶面，又可节省肥料、提高功效为目标。一般可参考肥料包装上推荐浓度。一般每亩喷施40～50千克溶液。

②喷施时期。喷施时期多数在苗期、花蕾期和生长盛期。溶液湿润叶面时间要求能维持0.5～1小时，一般选择傍晚无风时进行喷施较宜。

③喷施部位。应重点喷洒上、中部叶片，尤其是多喷洒叶片反面。若为果树，则应重点喷洒新梢和上部叶片。

④增添助剂。为提高肥液在叶片上的黏附力，延长肥液湿润叶片时间，可在肥料溶液中加入助剂（如中性洗衣粉、肥皂粉等），提高肥料利用率。

⑤混合喷施。为提高喷施效果，可将多种水溶性肥料混合或肥料与农药混合喷施，但应注意营养元素之间的关系、肥料与农药之间是否有害。

（3）滴灌和无土栽培　在一些沙漠地区或者极度缺水的地方，人们往往用滴灌和无土栽培技术来节约灌溉水并提高劳动生产效率。这时植物所需要的营养可以通过水溶性肥料来获得，既节约了用水，又节省了劳动力。

四、功能性肥料科学施用技术

功能性肥料是指除了肥料具有植物营养和培肥土壤的功能以外的特殊功能的肥料。只有符合以下四个要素，我们才能把它称作为功能性肥料：第一，本身是能直接提供植物营养所必需的营养元素或者是培肥土壤；第二，必须具有一个特定的对象；第三，不能含有法律、法规不允许添加的物质成分；第四，不能以加强或是改善肥效为主要功能。

1. 功能性肥料主要类型　功能性肥料是21世纪新型肥料的重要研究、发展方向之一，是将作物营养与其他限制作物高产的因素相结合的肥料，可以提高肥料利用率，提高单位肥料对农作物增产的效率。功能性肥料主要包括：高利用率肥料、改善水分利用率肥料、改善土壤结构的肥料、适应于优良品种特性的肥料、改善作物抗倒伏特性的肥料、具有防治杂草的肥料，以及具有抗病虫害的功能肥料等。

（1）高利用率肥料　该功能性肥料是以提高肥料利用率为目的，在不增加肥料施用总量的基础上，提高肥料的利用率，减少肥料的流失，降低环境污染，增加产量。如底施功能性肥料，在底施（基施、冲施）肥料中添加植物生长调节剂，如复硝酚钠、DA-6、α-萘乙酸钠、芸薹素内酯、缩节胺等，可以提高植物对肥料的吸收和利用，提高肥料的利用率，提高肥料的速效性和高效性；叶面喷施功能性肥料有缓/控释肥料，如微胶囊叶面肥料、高展着润湿肥料，均可以提高肥料的利用率。

（2）改善水分利用率肥料　即以提高水分利用率解决一些地区干旱问题的肥料。随着保水剂研究的不断发展，人们开始关注保水型功能肥料。如华南农业大学率先开展了保水型控释肥料的研究，利用高吸水树脂与肥料混合施用，制成保水型肥料，并在我国西部、北部开展试验，取得了良好的效果。

（3）改善土壤结构的肥料　粮食生产的任务加大和化学肥料的不合理使用，导致土壤结构严重破坏，有机质不断下降，严重影响土壤的再生能力。为此，在最近十年，土壤结构改良、保护土壤结构成为我国农业可持续发展的一项重大课题。随之产生了改善土壤结构的功能性肥料。如在肥料中增加表面活性物质，使土壤变得松散透气，增加微生物群也属于功能肥料的一个类型，如最近两年市场上流行的“免耕”肥料就是其中一例。

（4）适应优良品种特性的肥料　优良品种的使用提高了农产品的质量和产量，但也存在一些问题，需要有与之配套的专用肥料和相关的农业技术。如转基因抗虫棉在我国已大面积推广应用，但抗虫棉苗期的根系欠发达、抗病能力差，导致育苗困难。有关单位研究出了针对抗虫棉的苗期肥料，进行苗床施用和苗期喷施，2004年和2005年收到了很好的效果。

（5）改善作物抗倒伏特性的肥料　小麦、水稻、棉花等多种农作物产量在不断提高，但其秸秆的高度和承重能力是有限的，控制它们的生长高度，提高载重能力，减少倒伏已经成为肥料施用技术的一个关键所在。如小麦、水稻生产上用多效唑、缩节胺与肥料混用，大豆生产上用DA-6、缩节胺与肥料混用，玉米生产上用乙烯利、DA-6与肥料混用等均收到理想的效果，有效地控制了株高，防止倒伏，使作物稳产、高产、优产。

（6）防除杂草的肥料　在芽前除草和叶面喷施除草时，与肥料混合施用，可以提高肥料利用率，减少杂草对肥料的争夺，且减少劳动付出，提高劳动生产率，因此，它必将成为肥料发展的一个重要品种。

（7）抗病虫害功能肥料　指将肥料与杀菌剂、杀虫剂或多功能物质相结合，通过特定工艺而生产的新型多功能肥料。如含有营养功能的种衣剂、浸种剂，防治根线虫和地下害虫的药肥、防治枯黄萎病的药肥等已经广泛应用。

2. 保水型功能肥料的科学施用　保水型功能肥料是将保水剂与肥料复合，集保水与供肥于一体，提高水分利用率。

（1）保水型功能肥料的类型　从保水剂与肥料复合工艺可分为4种类型：一是物理吸附型。将保水剂加入肥料溶液中，让其吸收溶液形成水溶胶或水凝胶，或者将其混合液烘干成干凝胶，如在保水剂中加入腐殖酸肥料。二是包膜型。保水剂具有“以水控肥”的功能，因此可作为控释材料用于包膜控释肥的生产，如利用高水性树脂与大颗粒尿素为原料生产包膜尿素。三是混合造粒型保水肥。通过挤压、圆盘及转鼓等各式造粒机将一定比例保水剂和肥料混合制成颗粒，即可制成各种保水长效复合肥。四是构型保水肥。这类肥料多为片状、碗状、盘状产品，因其构型而具有托水力，与保水材料原有的吸水力共同作用，使其保水力更大，保水保肥效果更明显。

（2）保水型功能肥料的施用　保水型功能肥料主要作基肥施用，逐渐向追肥方向发展。施用方式主要有撒施、沟施、穴施、喷施等。一般固体型多撒施、沟施、穴施，液体型多喷施，也可以与滴灌、喷灌相结合施用，但应注意选用交联度低、流动性好的保水材料，稀释为溶液，或与肥料一起制成稀液施用。

3. 药肥的科学施用　药肥是将农药和肥料按一定的比例配方相混合，并通过一定的工艺技术将肥料和农药稳定于特定的复合体系中而形成的新型生态复合肥料，一般以肥料作为农药的载体。

（1）药肥的特点　药肥是具有杀/抑农作物病虫害或调节作物生长的一种或一种以上的功能，且能为农作物提供营养或同时具有提供营养和提高肥料及农药利用率的功能性肥料。具有“平衡施肥，营养齐全；广谱高效，一次搞定；前控后促，增强抗逆性；肥药结合，互作增效；操作简便，使用安全；省工节本，增产增收；以肥代料，安全环保；储运方便，低碳节能；多方受益，利国利民”九大优点。它将农业中使用的农药与肥料两种最重要的农用化学品统一起来，将农药的植物保护和肥料的养分供给两个田间操作合二为一，节省劳力、降低生产成本。当农药和肥料均处于最佳施用期时，能提高药效和肥效。世界一些发达国家已将农药与肥料合剂推向市场，被第二次国际化肥会议认为现代最有希望的药肥合剂（KAC）就含有除草剂、微量元素和植物生长调节剂。国外的药肥合剂制造已发展成为一个庞大的肥料工业分支，国内药肥工业尚不完善，存在很大的差距。

（2）药肥的科学施用　药肥可以作基肥、追肥、叶面喷施等。

①基肥。药肥可与作基肥的固体肥料混在一起撒施，然后耙混于土壤中。对于含有除草剂多的药肥，深施会降低其药效，一般应施于3～5厘米的土层。

②种子处理。具有杀菌剂功能的药肥可以处理种子，处理种子的方法有拌种和浸种。

③追肥。药肥可以在作物生长期作为追肥应用。在旱地施用时注意土壤湿度，结合灌溉或下雨施用。

④叶面喷施。常和农药（特别是植物生长调节剂）混用的水溶性肥料，可通过叶面喷施方法进行施用。

4. 改善土壤结构的肥料科学施用　改善土壤结构的肥料主要是含有肥料功能的土壤改良剂，如有机肥料、生物有机肥料等。这里主要以微生物松土剂为例。微生物松土剂产品可分为乳液、粉剂两大类，乳液为乳白色液体，粉剂为白色粉末。它含有腐殖酸、团粒结构黏结剂、微生物以及生物活性物质。

（1）微生物松土剂应用范围　微生物松土剂适用于各种土壤，特别是果树园地效果明显。

（2）微生物松土剂施用　根据土壤板结的程度不同，用量为5～10千克/亩。施用方法主要有：一是拌种：将种子放入清水内浸湿后捞出控干，随后将微生物松土剂直接扬撒在种子上，混拌均匀，阴干后播种；种子应先拌种衣剂，后拌微生物松土剂。二是拌土：播种时，将微生物松土剂均匀撒在土壤表面。三是拌肥：做种肥或底肥时，可将微生物松土剂与化肥或有机肥拌在一起，随肥料一起施入。

第五节 有机肥替代施用技术

有机肥替代技术是通过增施有机肥料、生物肥料、有机无机复混肥料等措施提供土壤和作物必需的养分，从而达到利用有机肥料减少化肥投入的目的。

一、农作物秸秆肥料利用技术

农作物秸秆肥料利用技术包括直接还田、腐熟还田、快速沤肥和堆肥等技术。秸秆用作肥料的基本方法是将秸秆粉碎埋于农田中进行自然发酵，或者将秸秆发酵后施于农田中。农作物秸秆肥料利用技术是改良土壤，提高土壤中有机质含量的有效措施之一。

1. 农作物秸秆粉碎覆盖还田技术 秸秆粉碎覆盖还田技术是指农作物收获后用机械对其秸秆直接粉碎后覆盖于地表的一项农作物秸秆还田技术。可以与免耕、浅耕以及深松等技术结合，形成保护性耕作，能有效培肥地力，蓄水保墒，防止水土流失，保护生态环境，降低生产成本。

（1）覆盖时间 覆盖时间要结合农田、作物和农时等进行确定。冬小麦的覆盖要在入冬前进行，这样可提高地温，使分蘖节免受冻害，同时减少水分蒸发。秋作覆盖以作物生长期覆盖为好，玉米应在7～8片叶展开时覆盖。春播作物覆盖秸秆的时间：春玉米以拔节初期为宜，大豆以分枝期为宜。

（2）技术要求 目前秸秆粉碎还田主要有小麦秸秆粉碎还田覆盖和玉米秸秆粉碎还田覆盖等方式。

①小麦秸秆粉碎还田覆盖。联合收获作业，一次性完成小麦收获和秸秆还田；小麦割茬高度一般15厘米左右；高留茬应不低于25厘

米，也可根据农艺要求确定割茬高度；秸秆切断及粉碎率在90%以上，并均匀抛撒于地表，使秸秆得以还田；一年两作玉米套种区，联合收获后麦草覆盖玉米行间，辅助人工作业，以不压不盖玉米苗为标准；玉米直播区，可采用联合收割机配茎秆切碎器，以提高秸秆还田质量；割茬高度一致、无漏割、地头地边处理合理。

②玉米秸秆粉碎还田覆盖。尽可能采取玉米联合收获，一次完成玉米收获与秸秆粉碎还田覆盖；也可采取秸秆直接粉碎还田覆盖；抛撒均匀，不产生堆积和条状堆积现象；秸秆覆盖率≥30%；秸秆覆盖量应满足小麦免耕播种机正常播种；秸秆量过大或地表不平时可采用浅旋、圆盘耙等表土处理措施；秸秆切碎长度应≤10厘米；秸秆切碎合格率≥90%；抛撒不均匀率≤20%；漏切率≤1.5%。

秸秆粉碎覆盖还田与免耕、浅耕等技术结合，是目前农耕中较为先进的技术。如秸秆还田免耕播种保护性耕作技术是利用小麦、玉米联合收获机将作物秸秆直接粉碎后均匀抛撒在地表，然后用免耕播种机免耕播种，以达到改善土壤结构，培肥地力，实现农业节本增效的先进耕作技术。其工作程序为：小麦联合收获（秸秆粉碎覆盖）→玉米免耕施肥播种→喷除草剂→田间管理（灌溉、灭虫等）→玉米联合收获或玉米收获并秸秆还田覆盖→深松（2～4年深松一次）→小麦免耕施肥播种→田间管理（灌溉、除草、灭虫等）→小麦联合收获。

2. 农作物秸秆直茬覆盖还田技术 主要应用于小麦、小麦—玉米、小麦—水稻等产区，是指机械收获小麦时留高茬，然后将麦秆覆盖地表面。与免耕播种相结合，蓄水保墒，增产效果明显，生产工序少，生产成本低，便于抢农时播种。

（1）小麦留茬覆盖还田 在一熟区小麦留茬覆盖与免耕或少耕结合是一种理想模式。技术流程为：小麦收割（留高茬15厘米以下），在麦田休闲期将经过碾压处理的麦秸均匀覆盖于地表，然后压倒麦茬并压实麦秸，施肥、浅耕、播种（播种时顺行将覆盖的麦秸收搂成堆，播种结束后再把秸秆均匀覆盖于播种行间）直到收麦，收麦时仍留茬15厘米，重复以上作业程序连续2～3年后，深耕翻埋覆盖的秸秆，倒茬种植其他作物。

（2）麦田套种玉米的秸秆留茬覆盖还田 适于华北、西北小麦收割前套种玉米或其他夏播作物地区。这些地区畜牧业较发达，玉米秸秆或其他夏播作物多作为饲料。操作规程：在麦收前10～15天，套种玉米或其他复播作物；麦收时，玉米出苗。小麦收获时，提高机械收割或人工收割的留茬高度，一般为20～25厘米；将麦秸、麦糠均匀覆盖在玉米的行间。麦收后，若10天内无雨，应结合夏苗管理，进行中耕灭茬；若麦收后雨季来得早，也可不灭茬。有灌水条件的地块，麦收后浇一次全苗水，加速秸秆的腐烂。若下茬作物生长期雨少，麦茬腐解差，复播作物收后耕翻时，应增施还田干秸秆量1%的纯氮。留高茬地块，虫害较重，应及时防治。如果不采取套种，而采取复播夏玉米的方式，小麦留高茬20～46厘米，趁墒在其行内点种玉米，然后用旋耕机旋打，玉米种子便随耙齿旋动入土，小麦高茬也被耙齿切断覆盖地表，这样既播种了玉米，又进行了小麦高茬还田。

（3）麦田套种水稻的秸秆留茬覆盖还田 麦田套种水稻常见于我国南方稻区，麦田套种水稻的秸秆留茬覆盖还田技术是麦秸全量覆盖还田与免耕套种相结合的一项新技术。留高茬即是在农作物成熟后，用联合收割机收割，割茬高度控制在20～30厘米，残茬留在地表不做处理，播种时用免耕播种机进行作业。技术流程：于小麦收割前2～3周，将用河泥包衣的水稻种均匀撒播于麦田；用机械收割小麦，留茬30厘米左右；收割脱粒后，将麦秸覆盖于田地上，麦秸较多时，可以将多余的麦秸压入麦田沟内。

3. 农作物秸秆腐熟还田技术 利用生化快速腐熟技术制造优质有机肥，是一种应用于20世纪90年代的国际先进生物技术，将秸秆制造成优质生物有机肥的先进方法，在国外已实现产业化。其特点是：采用先进技术培养能分解粗纤维的优良微生物菌种，生产出可加快秸秆腐熟的化学制剂，并采用现代化设备控制温度、湿度、数量、质量和时间，经机械翻抛、高温堆腐、生物发酵等过程，将农业废弃物转换成优质有机肥。

（1）催腐剂堆肥技术　催腐剂就是根据微生物中的钾细菌、氨化细菌、磷细菌、放线菌等有益微生物的营养要求，以有机物（包括作物秸秆、杂草、生活垃圾）为培养基，选用适合有益微生物营养要求的化学药品制成定量氮、磷、钾、钙、镁、铁、硫等营养的化学制剂，有效地改善了有益微生物的生态环境，加速了有机物分解腐烂。该技术在玉米、小麦秸秆的堆沤中应用效果很好，目前在我国北方一些省份开始推广。

秸秆催腐方法如下：选择靠水源的场所、地头、路旁平坦地。堆腐1吨秸秆需用催腐剂1.2千克，1千克催腐剂需用80千克清水溶解。先将秸秆与水按1∶1.7的比例充分湿透后，用喷雾器将溶解的催腐剂均匀喷洒于秸秆中，然后把喷洒过催腐剂的秸秆垛成宽1.5米、高1米左右的堆垛，用泥密封，防止水分蒸发、养分流失，冬季为了缩短堆腐时间，可在泥上加盖薄膜提温保温（厚约1.5厘米）。

经试验，施用催腐剂堆肥的小麦平均比施碳酸氢铵堆肥增产19.9%，玉米增产13.5%，花生增产15%；投放产出比分别为1∶17.4、1∶16.2、1∶24.3，经济效益显著。

（2）速腐剂堆肥技术　秸秆速腐剂是在“301”菌剂的基础上发展起来的，由多种高效有益微生物和多种酶类以及无机添加剂组成的复合菌剂。将速腐剂加入秸秆中，在有水的条件下，菌株能大量分泌纤维酶，能在短期内将秸秆粗纤维分解为葡萄糖，因此施入土壤后可迅速培肥土壤，减轻作物病虫害，刺激作物增产，实现用地养地相结合。实际堆腐应用表明，采用速腐剂腐烂秸秆，高效快速，不受季节限制，且堆肥质量好。

秸秆速腐剂一般由两部分构成：一部分是以分解纤维能力很强的腐生真菌等为中心的秸秆腐熟剂，质量为500克，占速腐剂总数的80%，它属于高湿型菌种，在堆沤秸秆时能产生60℃以上的高温，20天左右将各类秸秆堆腐成肥料。另一部分是由固氮、有机、无机磷细菌和钾细菌组成的增肥剂，质量为200克（每种菌均为50克），它要求30～40℃的中温，在翻捣肥堆时加入，旨在提高堆肥肥效。

秸秆速腐方法如下：按秸秆重的2倍加水，使秸秆湿透，含水量约达65%，再按秸秆重的0.1%加速腐剂，另加0.5%～0.8%的尿素调节C/N值，也可用10%的人畜粪尿代替尿素。堆沤分三层：第一层、第二层各厚60厘米，第三层（顶层）厚30～40厘米。速腐剂和尿素用量比自下而上按4∶4∶2分配，均匀撒入各层，将秸秆堆垛（宽2米，高1.5米），堆好后用铁锹轻轻拍实，就地取泥封堆并加盖农膜，以保水、保温、保肥，防止雨水冲刷。此法不受季节和地点限制，干草、鲜草均可利用，成肥有机质可达60%，且含有8.5%～10%的氮、磷、钾及微量元素，主要用作基肥，一般每亩施用250千克。

（3）酵素菌堆肥技术　酵素菌是由能够产生多种酶的好（兼）氧细菌、酵母菌和霉菌组成的有益微生物群体。利用酵素菌产生的水解酶的作用，在短时间内，可以把作物秸秆等有机质材料进行糖化和氮化分解，产生低分子的糖、醇、酸。这些物质是堆肥中有益微生物生长繁殖的良好培养基，可以促进堆肥中放射线菌的大量繁殖，从而改善土壤的微生态环境，创造农作物生长发育所需的良好环境。利用酵素菌把大田作物秸秆堆沤成优质有机肥后，可施用于大棚蔬菜、果树等经济价值较高的作物。

堆腐材料有秸秆1吨，麸皮120千克，钙镁磷肥20千克，酵素菌扩大菌16千克，红糖2千克，鸡粪400千克。堆腐方法是：先将秸秆在堆肥池外喷水湿透，使含水量达到50%～60%；依次将鸡粪均匀铺撒在秸秆上，麸皮和红糖（研细）均匀撒到鸡粪上，钙镁磷肥和扩大酵素菌均匀搅拌在一起，再均匀撒在麸皮和红糖上面；然后用叉拌匀后，挑入简易堆肥池里，底宽2米左右，堆高1.8～2米，顶部呈圆拱形，顶端用塑料薄膜覆盖，防止雨水淋入。

二、商品有机肥料科学施用技术

近年来，化肥的长期过量施用造成了土壤板结、环境污染、农产品品质下降，再加上化肥价格浮动较大，安全、环保、绿色的有机肥料再次引起人们的关注，市场需求不断增加。

1. 商品有机肥料内涵　与传统有机肥不同，商品有机肥有着自己独特的内涵。商品有机肥料是指工厂化生产，经过物料预处理、配方、发酵、干燥、粉碎、造粒、包装等工艺加工生产的有机肥料或有机无机复混肥料。按照2008年4月29日下发的《财政部　国家税务总局关于有机肥产品免征增值税的通知》中对商品有机肥的概念来界定，商品有机肥包括精制有机肥料类、有机无机复混肥料、生物有机肥料。精制有机肥料是指不含特定功能的微生物，以提供有机质和少量养分为主，市场上约占43%；有机无机复混肥料是由有机和无机肥料混合而成，既含有一定比例的有机质，又含有较高的养分，市场上约占40%；生物有机肥料除含较高的有机质和少量养分外，还含特定功能（固氮、解磷、解钾、抗土传病害等）的有益菌，市场上约占15%。

2. 精制有机肥料的科学施用　精制有机肥料主要包括两类：一类是活性有机肥料，以作物秸秆、畜禽粪和农副产品加工下脚料为主要原料，经加入发酵微生物进行发酵脱水和无害化处理而成的优质有机肥料；另一类是腐殖酸、氨基酸类特种有机肥料，富含有机营养成分和植物生长调节剂。

（1）精制有机肥施用特点　主要表现在：一是养分齐全，含有丰富的有机质，可以全面提供作物氮、磷、钾及多种中微量元素，作物施用商品有机肥后，能明显提高农产品的品质和产量。二是改善地力，施用商品有机肥能改善土壤理化性状，增强土壤的透气、保水、保肥能力，防止土壤板结和酸化，显著降低土壤盐分对作物的不良影响，增强作物的抗逆和抗病虫害能力，缓解连作障碍。

（2）精制有机肥施用数量　不同种类作物施用量不相同。这里以活性商品有机肥为例：设施瓜果、蔬菜，如西瓜、草莓、辣椒、番茄、黄瓜等，基肥每季每亩300～500千克。露地瓜菜，如西瓜、黄瓜、马铃薯、毛豆及葱蒜类等，基肥每季每亩300～400千克；白菜等叶菜类，基肥每季每亩200～300千克；莲籽，基肥每亩500～750

千克。粮食作物，如小麦、水稻、玉米等，基肥每季每亩200～250千克。油料作物，如油菜、花生、大豆等，基肥每季每亩300～500千克。果树、茶叶、花卉、桑树等，根据树龄大小，基肥每季每亩500～750千克；新苗木基地，在育苗前每亩基施750～1 000千克。对于新平整后的生土田块，3～5年内每年每亩增施750～1 000千克，方可逐渐提高土壤肥力。

(3) 施用注意事项及施用方法　精制有机肥的长效性不能代替化学肥料的速效性，必须根据不同作物和土壤，再配合尿素、配方肥等施用，才能取得最佳效果；精制有机肥施用方法一般以作基（底）肥施用为主，在作物栽种前将肥料均匀撒施，耕翻入土，如采用条施或沟施，要注意防止肥料集中施用发生烧苗现象，要根据作物田间实际情况确定商品有机肥的亩施用量；精制有机肥作追肥使用时，一定要及时浇足水分；精制有机肥在高温季节旱地作物上使用时，一定要注意适当减少施用量，防止发生烧苗现象；精制有机肥的pH一般呈碱性，在喜酸作物上使用要注意其适应性及施用量。

3. 腐殖酸肥料的科学施用　腐殖酸已广泛应用与农业生产，具有改良土壤、刺激植物生长、增加肥效、提高农药药效、减少药害、提高作物抗逆性、增加产量、改善作物品质等作用。

(1) 腐殖酸肥料的主要品种　腐殖酸肥料品种主要有腐殖酸铵、硝基腐殖酸铵、腐殖酸磷、腐殖酸铵磷、腐殖酸钠、腐殖酸钾、含腐殖酸水溶肥料等。

①腐殖酸铵。简称腐铵，化学分子式为 $R—COONH_4$，一般水溶性腐殖酸铵25%以上，速效氮3%以上。外观为黑色有光泽颗粒或黑色粉末，溶于水，呈微碱性，无毒，在空气中稳定。可作基肥（亩用量40～50千克）、追肥、浸种或浸根等，适用于各种土壤和作物。

②硝基腐殖酸铵。由腐殖酸与稀硝酸共同加热，氧化分解形成的。一般含水溶性腐殖酸铵45%以上，速效氮2%以上。外观为黑色有光泽颗粒或黑色粉末，溶于水，呈微碱性，无毒，在空气中较稳定。可作基肥（亩用量40～75千克）、追肥、浸种或浸根等，适用于

各种土壤和作物。

③腐殖酸钠、腐殖酸钾。腐殖酸钠、腐殖酸钾的化学分子式 R—COONa、R—COOK，一般腐殖酸钠含腐殖酸 40%～70%、腐殖酸钾含腐殖酸 70%以上。二者呈棕褐色，易溶于水，水溶液呈强碱性。可作基肥（0.05%～0.1%浓度液肥与农家肥拌在一起施用）、追肥（每亩用 0.01%～0.1%浓度液肥 250 千克浇灌）、种子处理（浸种浓度 0.005%～0.05%、浸根插条等浓度 0.01%～0.05%）、根外追肥（喷施浓度 0.01%～0.05%）等。

④黄腐酸。又称富里酸、富啡酸、抗旱剂一号、旱地龙等，溶于水、酸、碱，水溶液呈酸性，无毒，性质稳定。黑色或棕黑色。含黄腐酸 70%以上，可作拌种（用量为种子量的 0.5%）、蘸根（100 克加水 20 千克加黏土调成糊状）、叶面喷施（大田作物稀释 1 000 倍、果树和蔬菜稀释 800～1 000 倍）等。

（2）腐殖酸肥料的科学施用　腐殖酸肥适于各种土壤，特别是有机质含量低的土壤、盐碱地、酸性红壤、新开垦红壤、黄土、黑黄土等效果更好。腐殖酸肥对各种作物均有增产作用，效果好的作物有白菜、萝卜、番茄、马铃薯、甜菜、甘薯；效果较好的作物有玉米、水稻、高粱、裸麦等。这里主要说明的是固体腐殖酸肥施用。腐殖酸肥与化肥混合制成腐殖酸复混肥，可以作基肥、种肥、追肥或根外追肥；可撒施、穴施、条施或压球造粒施用。

①作基肥。可以采用撒施、穴施、条施等办法，不过集中施用比撒施效果好，深施比浅施、表施效果好，一般每亩可施腐殖酸铵等 40～50 千克、腐殖酸复混肥 25～50 千克。

②作种肥。可穴施于种子下面 12 厘米附近，每亩腐殖酸复混肥 10 千克左右。稻田可用作面肥，在插秧前把肥料均匀撒在地表，耙匀后插秧，效果很好。

③作追肥。应该早施，应在距离作物根系 6～9 厘米附近穴施或条施，追施后结合中耕覆土。可将硝基腐殖酸铵作为增效剂与化肥混合施用效果较好，每亩施用量 10～20 千克。

④秧田施用。利用泥炭、褐煤、风化煤粉覆盖秧床，对于培育壮秧、增强秧苗抗逆性具有良好作用。

4. 氨基酸肥料的科学施用

（1）含氨基酸水溶肥料的作用　主要表现在：一是具有生物活性高、养分全、含量高等特性，能够提供植物生长所需的各种养分，并促进光合作用。二是能够迅速补充作物养分，有利于植物吸收，提高肥料利用率，改善作物品质。三是可增强作物抗逆性，促进作物的生长，且有保花、保果等功能，增产增收效果明显。四是有效诱导修复受损组织，抗低温冻害（抗寒）。五是可有效抑制部分真菌、细菌、病毒和生理病害发生，具有防病、抗病效果。六是提高多种酶的活性，特别是能加强植物末端氧化酶的活性，有促进植物根系发达的作用。七是有效解除农药造成的药害，钝化重金属离子的毒害作用。八是提高土壤的缓冲性能，促进土壤团粒结构的形成。九是对旱、涝、冻、干热风等，具有明显的抵抗作用。十是不含激素，无毒、无害，对环境、人畜无污染，是生产安全、绿色无公害农产品的必备肥料。

（2）氨基酸肥料的施用　这里主要说明的是氨基酸复混肥料施用。氨基酸复混肥料多为棕褐色颗粒，pH 5.5～8，吸湿性较小。产品含复合氨基酸 4%～8%，氮、磷、钾 25%～40%，钙、镁、硫、硅 10%～30%，微量元素 0.5%～2%。

氨基酸复混肥料可作基肥和追肥，适于多种土壤和作物。作基肥一般施肥深度 8～16 厘米，亩施用量 30～50 千克。

5. 有机无机复混肥料科学施用　有机无机复混肥料是以无机原料为基础，填充物采用烘干鸡粪、经过处理的生活垃圾、污水处理厂的污泥及草炭、蘑菇渣、氨基酸、腐殖酸等有机物质，然后经造粒、干燥后包装而成。

（1）有机无机复混肥料的技术标准　有机无机复混肥料的技术标准见表 2-26。

表 2-26　有机无机复混肥的技术要求

项目	指标	
	Ⅰ型	Ⅱ型
总养分（$N+P_2O_5+K_2O$）①，%	15.0	25.0
水分（H_2O），%	12.0	12.0
有机质，%	20.0	150.0
粒度（1.00～4.75 毫米或 3.35～5.60 毫米），%	≥70	
pH	5.5～8.0	
蛔虫死亡率，%	≥95	
粪大肠菌群数值，个/克	≤100	
氯离子（Cl^-）②，%	≤3.0	
砷（As）及其化合物（以元素计），%	≤0.0050	
镉（Cd）及其化合物（以元素计），%	≤0.0010	
铅（Pb）及其化合物（以元素计），%	≤0.0150	
铬（Cr）及其化合物（以元素计），%	≤0.0500	
汞（Hg）及其化合物（以元素计），%	≤0.0005	

注：①标明的单一养分含量不低于 3.0%，且单一养分测定值与标明值负偏差的绝对值不大于 1.5%；②如产品 Cl^- 含量大于 3.0%，需在包装容器上标明“含氯”，该项目可不做要求。

（2）有机无机复混肥的施用

①作基肥。旱地宜全耕层深施或条施；水田是先将肥料均匀撒在耕翻前的湿润土面，耕翻入土后灌水，耕细耙平。

②作种肥。可采用条施或穴施，将肥料施于种子下方 3～5 厘米，防止烧苗；如用作拌种，可将肥料与 1～2 倍细土拌匀，再与种子搅拌，随拌随播。

6. 生物有机肥的科学施用　生物有机肥是指特定功能的微生物与经过无害化处理、腐熟的有机物料（主要是动植物残体，如畜禽粪便、农作物秸秆等）复合而成的一类肥料，兼有微生物肥料和有机肥料效应。生物有机肥按功能微生物的不同可分为固氮生物有机肥、解磷生物有机肥、解钾生物有机肥、复合生物有机肥等。

（1）生物有机肥料的技术标准　生物有机肥料的技术标准见表2-27。

表2-27　生物有机肥料产品技术要求

项　目		剂　型	
		粉　剂	颗　粒
有效活菌数（cfu），亿/克	≥	0.20	0.20
有机质（以干基计），%	≥	25.0	25.0
水分，%	≤	30.0	15.0
pH		5.5～8.5	5.5～8.5
粪大肠菌群数，个/克（毫升）	≤	100	
蛔虫卵死亡率，%	≥	95	
有效期，月	≥	6	

（2）生物有机肥的施用　生物有机肥根据作物的不同选择不同的施肥方法，常用的施肥方法有：

①种施法。机播时，将颗粒生物有机肥与少量化肥混匀，随播种机施入土壤。

②撒施法。结合深耕或在播种时将生物有机肥均匀地施在根系集中分布的区域和经常保持湿润状态的土层中，做到土肥相融。

③条状沟施法。条播作物或葡萄等果树，开沟后施肥播种或在距离果树5厘米处开沟施肥。

④环状沟施法。苹果、桃、梨等幼年果树，距树干20～30厘米，绕树干开一环状沟，施肥后覆土。

⑤放射状沟施。苹果、桃、梨等成年果树，距树干30厘米处，按果树根系伸展情况向四周开4～5个50厘米长的沟，施肥后覆土。

⑥穴施法。点播或移栽作物，如玉米、棉花、番茄等，将肥料施入播种穴，然后播种或移栽。

⑦蘸根法。对移栽作物，如水稻、番茄等，按生物有机肥加5份

水配成肥料悬浊液，浸蘸苗根，然后定植。

⑧盖种肥法。开沟播种后，将生物有机肥均匀地覆盖在种子上面。一般每亩施用量为100～150千克。

三、微生物肥料科学施用技术

微生物肥料是指一类含有活微生物的特定制品，应用于农业生产中，能够获得特定的肥料效应，在这种效应的产生中，制品中活微生物起关键作用，符合上述定义的制品均归于微生物肥料。

1. 微生物肥料的种类 从成品性状看，微生物肥料成品剂型主要有液体、固体、冻干剂3种。液体有的是由发酵液直接装瓶，也有用矿物油封面的。固体剂型主要是以草炭为载体，分粉剂、颗粒剂两种剂型，近年来也有用吸附剂的。用发酵液浓缩后冷冻干燥的制品为冻干剂。微生物肥料的分类方法见表2-28。

表2-28 微生物肥料的分类

分类依据	微生物肥料类型
按功能分	微生物拌种剂：利用多孔的物质作为吸附剂，吸附菌体的发酵液而制成的菌剂，主要用于拌种，如根瘤菌肥料 复合微生物肥料：两种或两种以上的微生物互相有利，通过其生命活动使作物增产 腐熟促进剂：一些菌剂能加速作物秸秆腐熟和有机废物发酵，主要由纤维素分解菌组成
按营养物质分	微生物和有机物复合、微生物和有机物及无机元素复合
按作用机理分	以营养为主、以抗病为主、以降解农药为主，也可多种作用同时兼有
按微生物种类分	细菌肥料（根瘤菌肥料、固氮菌、解磷菌、解钾菌）、放线菌肥料（抗生肥料）、真菌类肥料（菌根真菌、霉菌肥料、酵母肥料）、光合细菌肥料

2. 常用微生物肥料施用 生物肥料主要有根瘤菌肥料、固氮菌肥料、磷细菌肥料、钾细菌肥料、复合微生物肥料等。

（1）根瘤菌肥料　根瘤菌能和豆科作物共生、结瘤、固氮，用人工选育出来的高效根瘤菌株，经大量繁殖后，用载体吸附制成的生物菌剂称为根瘤菌肥料。

①根瘤菌肥料特点。根瘤菌肥料按剂型不同分为固体、液体、冻干剂 3 种。固体根瘤菌肥料的吸附剂多为草炭，为黑褐色或褐色粉末状固体，湿润松散，含水量 20%～35%，一般菌剂含活菌数 1 亿～2 亿/克，杂菌数小于 15%，pH 6～7.5。液体根瘤菌肥料应无异臭味，含活菌数 5 亿～10 亿/升，杂菌数小于 5%，pH 5.5～7。冻干根瘤菌肥料不加吸附剂，为白色粉末状，含菌量比固体型高几十倍，但生产上应用很少。

②根瘤菌肥料的施用。根瘤菌肥料多用于拌种，用量为每亩地种子用 30～40 克菌剂加 3.75 千克水混匀后拌种，或根据产品说明书施用。拌种时要掌握互接种族关系，选择与作物相对应的根瘤菌肥。作物出苗后，发现结瘤效果差时，可在幼苗附近浇泼兑水的根瘤菌肥料。

③注意事项。根瘤菌结瘤最适温度为 20～40℃，土壤含水量为田间持水量的 60%～80%，适宜中性到微碱性（pH 6.5～7.5），良好的通气条件有利于结瘤和固氮；在酸性土壤上使用时需加石灰调节土壤酸度；拌种及风干过程切忌阳光直射，已拌菌的种子需当天播完；不可与速效氮肥及杀菌农药混合使用，如果种子需要消毒，需在根瘤菌拌种前 2～3 周使用，使菌、药有较长的间隔时间，以免影响根瘤菌的活性。

（2）固氮菌肥料　固氮菌肥料是指含有大量好气性自生固氮菌的生物制品。具有自生固氮作用的微生物种类很多，在生产上得到广泛应用的是固氮菌科的固氮菌属，以圆褐固氮菌应用较多。

①固氮菌特点。固氮菌肥料的剂型有固体、液体、冻干剂 3 种。固体剂型多为黑褐色或褐色粉末状，湿润松散，含水量 20%～35%，一般菌剂含活菌数 1 亿/克以上，杂菌数小于 15%，pH 6～7.5。液体剂型为乳白色或淡褐色，浑浊，稍有沉淀，无异臭味，含活菌数 5

亿/升以上，杂菌数小于5%，pH 5.5～7。冻干剂型为乳白色结晶，无味，含活菌数5亿/升以上，杂菌数小于2%，pH 6.0～7.5。

②固氮菌肥料的施用。固氮菌肥料适用于各种作物，可作基肥、追肥和种肥，施用量按说明书确定。也可与有机肥、磷肥、钾肥及微量元素肥料配合施用。

作基肥施用时可与有机肥配合沟施或穴施，施后立即覆土。也可蘸秧根或作基肥施在蔬菜菌床上与棉花盖种肥混施。

作追肥时把菌肥用水调成糊状，施于作物根部，施后覆土，一般在作物开花前施用较好。

种肥一般加水混匀后拌种，将种子阴干后即可播种。对于移栽作物，可采取蘸秧根的方法施用。

固体固氮菌肥一般每亩用量250～500克、液体固氮菌肥每亩100毫升、冻干剂固氮菌肥每亩用500亿～1 000亿个活菌。

③注意事项。固氮菌属中温好气性细菌，最适温度为25～30℃。要求土壤通气良好，含水量为田间持水量的60%～80%，最适pH 7.4～7.6。在酸性土壤（pH<6）中活性明显受到抑制，因此，施用前需加石灰调节土壤酸度，固氮菌只有在环境中有丰富的碳水化合物而缺少化合态氮时才能进行固氮作用，与有机肥、磷肥、钾肥及微量元素肥料配合施用，对固氮菌的活性有促进作用，在贫瘠土壤上尤其重要。过酸、过碱的肥料或有杀菌作用的农药都不宜与固氮菌肥混施，以免影响其活性。

（3）磷细菌肥料　磷细菌肥料是指含有能强烈分解有机或无机磷化合物的磷细菌的生物制品。

①磷细菌肥料性质。目前国内生产的磷细菌肥料有液体和固体两种剂型。液体剂型的磷细菌肥料，外观呈棕褐色浑浊液，含活细菌5亿～15亿/毫升，杂菌数小于5%，含水量20%～35%，有机磷细菌≥1亿/毫升，无机磷细菌≥2亿/毫升，pH 6.0～7.5。颗粒剂型的磷细菌肥料，外观呈褐色，有效活细菌数大于3亿/克，杂菌数小于20%，含水量小于10%，有机质含量≥25%，粒径2.5～4.5毫米。

②磷细菌肥料的施用。磷细菌肥料可作基肥、追肥和种肥。

作基肥可与有机肥、磷矿粉混匀后沟施或穴施，一般每亩用量为1.5～2千克，施后立即覆土。

作追肥可将磷细菌肥料用水稀释后在作物开花前施用，菌液施于根部。

作种肥主要是拌种，可先将菌剂加水调成糊状，然后加入种子拌匀，阴干后立即播种，防止阳光直接照射。一般每亩种子用固体磷细菌肥料1.0～1.5千克或液体磷细菌肥料0.3～0.6千克，加水4～5倍稀释。

③注意事项。磷细菌的最适温度为30～37℃，适宜pH7.0～7.5。拌种时随配随拌，不宜留存；暂时不用的，应该放置在阴凉处覆盖保存。磷细菌肥料不与农药及生理酸性肥料同时施用，也不能与石灰氮、过磷酸钙及碳酸氢铵混合施用。

（4）钾细菌肥料　钾细菌肥料，又名硅酸盐细菌肥料、生物钾肥。钾细菌肥料是指含有能对土壤中云母、长石等含钾的铝硅酸盐及磷灰石进行分解，释放出钾、磷与其他灰分元素，改善作物营养条件的钾细菌的生物制品。

①钾细菌肥料的性质。钾细菌肥料产品主要有液体和固体两种剂型。液体剂型外观为浅褐色浑浊液，无异臭，有微酸味，有效活菌数大于10亿/毫升，杂菌数小于5%，pH5.5～7.0。固体剂型是以草炭为载体的粉状吸附剂，外观呈黑褐色或褐色，湿润而松散，无异味，有效活细菌数大于1亿/克，杂菌数小于20%，含水量小于10%，有机质含量≥25%，粒径2.5～4.5毫米，pH6.9～7.5。

② 钾细菌肥料的施用。钾细菌肥料可作基肥、追肥、种肥。

作基肥：固体剂型与有机肥料混合沟施或穴施，立即覆土，每亩用量3～4千克，液体用2～4千克菌液。果树施用钾细菌肥料，一般在秋末或早春，根据树冠大小，在距树身1.5～2.5米处环树挖沟（深、宽各15厘米），每亩用菌剂1.5～2.5千克混合细土20千克，施于沟内后覆土即可。

作追肥：按每亩用菌剂1～2千克兑水50～100千克混匀后进行灌根。

作种肥：每亩用1.5～2.5千克钾细菌肥料与其他种肥混合施用。也可将固体菌剂加适量水制成菌悬液或液体菌加适量水稀释，然后喷到种子上拌匀，稍干后立即播种。也可将固体菌剂或液体菌稀释5～6倍，搅匀后，把水稻、蔬菜的根蘸入，蘸后立即插秧或移栽。

③注意事项。紫外线对钾细菌有杀灭作用，因此在贮、运、用过程中应避免阳光直射，拌种时应在室内或棚内等避光处进行，拌好晾干后应立即播完，并及时覆土。钾细菌肥料不能与过酸或过碱的肥料混合施用。当土壤中速效钾含量在26毫克/千克以下时，不利于钾细菌肥料肥效发挥；当土壤速效钾含量在50～75毫克/千克时，钾细菌解钾能力可达到高峰。钾细菌的最适温度为25～27℃，适宜pH 5.0～8.0。

（5）抗生菌肥料　抗生菌肥料是利用能分泌抗菌物质和刺激素的微生物制成的微生物肥料。常用的菌种是放线菌，我国常用的是五四〇六（细黄链霉菌），此类制品不仅有肥效作用而且能抑制一些作物的病害，促进作物生长。

①抗生菌肥料的性质。抗生菌肥料是一种新型多功能微生物肥料，抗生菌在生长繁殖过程中可以产生刺激物质、抗生素，还能转化土壤中的氮、磷、钾元素，具有改进土壤团粒结构等功能。有防病、保苗、肥地、松土以及刺激植物生长等多种作用。

抗生菌生长的最适宜温度是28～32℃，超过32℃或低于26℃生长减弱，超过40℃或低于12℃生长近乎停止；适宜pH6.5～8.5，含水量适宜在25%左右，要求有充分的通气条件，对营养条件要求较低。

②抗生菌肥料的施用。抗生菌肥料适用于棉花、小麦、油菜、甘薯、高粱和玉米等作物，一般用作浸种或拌种，也可用作追肥。

作种肥：一般每亩用抗生菌肥料7.5千克，加入饼粉2.5～5千克、细土500～1 000千克、过磷酸钙5千克，拌匀后覆盖在种子上，施用时最好配施有机肥料和化学肥料。浸种时，玉米种用1∶1～4抗生菌肥浸出液浸泡12小时，水稻种子浸泡24小时；也可用1∶1～4抗生菌肥浸出液浸根或蘸根。也可在作物移栽时每亩用抗生菌肥10～25千克穴施。

作追肥：可在作物定植后，在苗附近开沟施用覆土；也可用抗生菌肥浸出液进行叶面喷施，主要适用于一些蔬菜和温室作物。

③注意事项。抗生菌肥配合施用有机肥料、化肥效果较好；抗生菌肥不能与杀菌剂混合拌种，可与杀虫剂混用；抗生菌肥不能与硫酸铵、硝酸铵等混合施用。

3. 复合微生物肥料科学施用　复合微生物肥料是指两种或两种以上的有益微生物或一种有益微生物与营养物质复配而成，能提供、保持或改善植物的营养，提高农产品产量或改善农产品品质的活体微生物制品。

（1）复合微生物肥料类型　一般有两种：第一种是菌与菌复合微生物肥料，可以是同一微生物菌种的复合（如大豆根瘤菌的不同菌系分别发酵，吸附时混合），也可以是不同微生物菌种的复合（如固氮菌、解磷细菌、解钾细菌等分别发酵，吸附时混合）。第二种是菌与各种营养元素或添加物、增效剂的复合微生物肥料，采用的复合方式有：菌与大量元素复合、菌与微量元素复合、菌与稀土元素复合、菌与作物生长激素复合等。

（2）复合微生物肥料性质　复合微生物肥料可以增加土壤有机质、改善土壤菌群结构，并通过微生物的代谢物刺激植物生长，抑制有害病原菌。

目前按剂型主要有液体、粉剂和颗粒3种。粉剂产品应松散；颗粒产品应无明显机械杂质、大小均匀，具有吸水性。复合微生物肥料产品技术指标见表2-29；复合微生物肥料产品中无害化指标见表2-30。

表 2-29 复合微生物肥料产品技术指标

项目		剂型		
		液体	粉剂	颗粒
有效活菌数*，亿/克（毫升）	≥	0.50	0.20	0.20
总养分（$N+P_2O_5+K_2O$），%	≥	4.0	6.0	6.0
杂菌率，%	≤	15.0	30.0	30.0
水分，%	≤	—	35.0	20.0
pH		3.0～8.0	5.0～8.0	5.0～8.0
细度，%	≥	—	80.0	80.0
有效期**，月	≥	3	6	

注：*含两种以上微生物的复合微生物肥料，每一种有效菌的数量不得少于0.01亿/克（毫升）；**此项仅在监督部门或仲裁双方认为有必要时才检测。

表 2-30 复合微生物肥料产品无害化指标

参数		标准极限
粪大肠菌群数，个/克（毫升）	≤	100
蛔虫卵死亡率，%	≥	95
砷及其化合物（以As计），毫克/千克	≤	75
镉及其化合物（以Cd计），毫克/千克	≤	10
铅及其化合物（以Pb计），毫克/千克	≤	100
铬及其化合物（以Cr计），毫克/千克	≤	150
汞及其化合物（以Hg计），毫克/千克	≤	5

（3）复合微生物肥料的施用 主要适用于经济作物、大田作物和果树、蔬菜等作物。

①作基肥。每亩用复合微生物肥料1～2千克，与有机肥料或细土混匀后沟施、穴施、撒施均可，沟施或穴施后立即覆土；结合整地可撒施，应尽快将肥料翻于土中。

②果树或林木施用。幼树每棵200克环状沟施、成年树每棵0.5～1千克放射状沟施。

③蘸根或灌根。每亩用肥 2～5 千克兑水稀释 5～20 倍，移栽时蘸根或干栽后适当增加稀释倍数灌于根部。

④拌苗床土。每平方米苗床土用肥 200～300 克与之混匀后播种。花卉草坪可用复合微生物肥料 10～15 克/千克盆土或作基肥。

⑤冲施。根据不同作物每亩用 1～3 千克复合微生物肥料与化肥混合，用适量水稀释，灌溉时随水冲施。

第三章　农业节药技术

第一节　农药精确施用技术

农药精确施用技术是在自然环境中基于实时视觉传感技术和地图的农药精确施用方法，包括施药过程中的目标信息采集、靶标识别、施药对策、喷雾执行等主要技术环节。该技术可以提高农药使用效率，以最少的农药剂量，合理精确地喷洒于靶标，减少非靶标的农药流失与漂移，科学、经济、高效地利用农药，以达到最佳的防治效果，同时减少农药造成的环境污染。

一、农药变量喷施技术

农药变量喷施技术主要包括两大环节，即喷施决策的生成和喷施决策的执行。决策生成技术主要有基于地理信息技术的决策生成技术和基于实时传感器的决策生成技术。

1. 农药变量喷施决策生成技术　喷施决策的生成是指对农田病虫草害进行监测和定位，并根据局部病虫草害的具体情况确定合理的农药施用量。

（1）基于地理信息技术的决策生成技术　喷施决策可以脱离喷施作业单独进行，通过人工调查或仪器监测农田的病虫草害状况，生成包含农田各局部区域位置坐标和对应农药施用量的处方图。喷施作业机械带有位置坐标测量装置，可根据位置坐标查处方图获取该局部区域的农药施用量，即基于地理信息技术的决策生成。其系统组成包括GPS、基于GIS的计算机软件、作物生产管理决策支持系统和相关传感器，工作过程如图3-1。

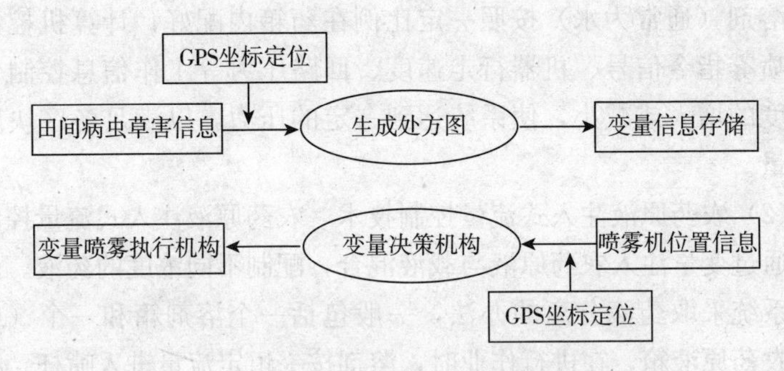

图 3-1 基于地图的可变量技术系统的执行过程

（2）基于实时传感器的决策生成技术 喷施决策也可以与喷施作业同时进行，由实时传感器采集当前作业区域的病虫草害情况，并立即生成农药施用量控制指令，控制喷施执行元件即刻按需施药，即基于实时传感器的决策生成。基于实时传感器的决策生成技术通常是通过土壤采样和识别作物特征来测定喷雾的需求量，并结合实时传感器向计算机提供信息，对喷雾量进行实时调整，其工作过程如图 3-2。

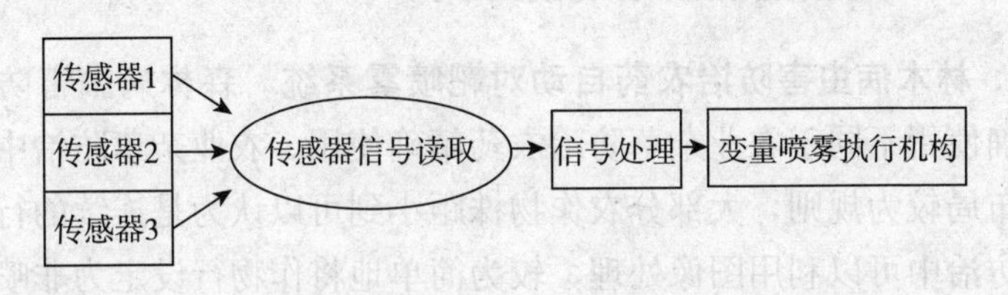

图 3-2 基于实时传感器的可变量技术系统的执行过程

2. 农药变量喷施决策执行关键技术 喷雾决策执行是指变量喷雾执行机构根据决策机构发出的喷雾指令信号进行变量施药作业，是实现精确变量喷雾的决定性阶段。

（1）变压力式流量控制技术 变压力式流量控制技术根据喷雾机的行进速度实时调节系统压力来控制喷出的药量。改变压力来控制流量是最传统的喷雾流量控制方法。进行喷药作业前，将化学农药与溶剂（通常为水）按照一定比例在药箱内配好，计算机控制器根据喷雾指令信号、机器行走速度、回路压力等工作信息控制伺服阀开度的增大或减小，使系统达到一定的压力，以满足各区块所需喷药量。

（2）农药原液注入式流量控制技术　农药原液注入式流量控制技术是通过变量注入农药原液与载液混合，配制不同浓度的药液。此种喷雾系统采取药液分离的办法，一般包括一个溶剂箱和一个（或多个）农药原液箱，在进行作业时，溶剂按一恒定流量进入喷杆。根据机器的行进速度，计量泵按需求泵出原液，并与溶剂在喷杆内混合，凭借对原液注入量和速率的调节来实现变量喷洒。

（3）脉宽调制式（PWM）流量控制技术　脉宽调制式（PWM）流量控制技术是通过控制电磁阀的工作状态进而控制实际喷雾量。事先在容器中将化学药剂和水混合好，且在一定流量调节范围内让压力保持恒定，通过改变喷头电磁阀的通断频率和占空比来调节喷头喷雾流量。

二、农药精确使用系统的应用

1. 林木病虫害防治农药自动对靶喷雾系统　森林病虫害防治农药精确使用不同于农业杂草防治农药精确使用。农业杂草防治中的农作物布局较为规则，大部分农作物株距小到可以认为是连续的行，在杂草防治中可以利用图像处理，较为简单地将作物行设定为非喷雾目标。但对于城市和公路行道树、防护林、风景园林、观赏植物、果园果树等病虫害防治工作，则不能如此对待，应当充分考虑树间间隔的大小和树冠形态的差异。图 3-3 所示为南京林业大学研究的基于计算机视觉的农药自动对靶喷雾系统。该系统中，实时图像采集系统通过 CCD 实时采集靶标树木图像，通过计算机图像处理系统提取树木目标特征，并形成和传送喷雾控制策略，经农药喷雾可变量控制系统控制喷头实现对靶喷雾。

该系统较为庞大，功能种类多样、齐备，可将其划分为若干个子

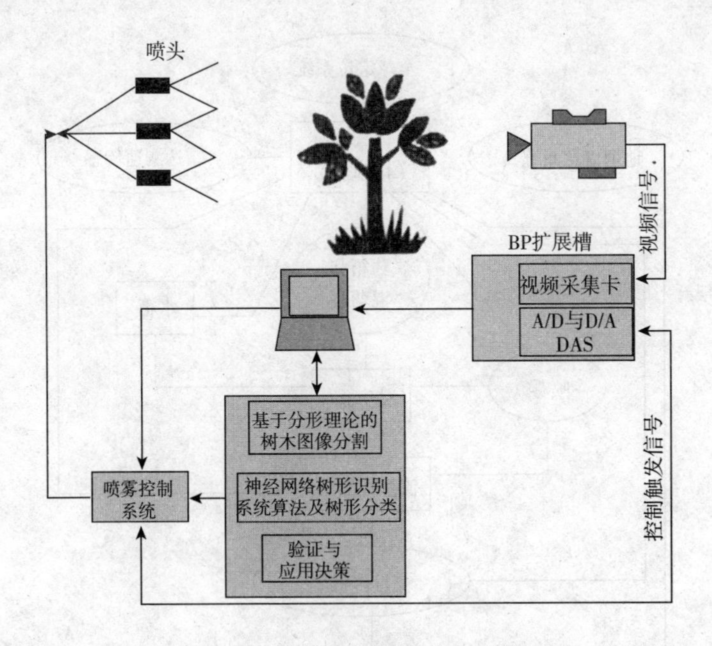

图 3-3　精确农药使用对靶示意图

单元，每个单元又包括若干个模块，每个模块实现特定的功能或任务，最后再将这些模块通过特定的硬件和软件连接起来，组成一套完整系统。

2. 基于地图的可变量喷雾系统　图 3-4 所示为一可变量喷雾系统。因为施药量是喷雾机速度的函数，所以采用雷达测速传感器检测喷雾系统的行进速度，计算机（控制器）依据这个速度来调节农药施用量。该系统中农药与水并不是预先混合的，而是根据实际需要，在喷雾过程中液压泵将药箱中的农药与水在注射器里直接混合输送至喷头，即采用了自动混药装置。在安全性和混合药水管理等方面，这种结构相对于预先混合而言有许多优点（例如：安全、自动调节和易于操作等），液压泵能精确地控制农药施用量。

因水箱中装有液位传感器，可实时获知剩余水量，计算机通过流量控制阀控制流向喷杆的药液流量。喷雾系统行驶过程中，结合

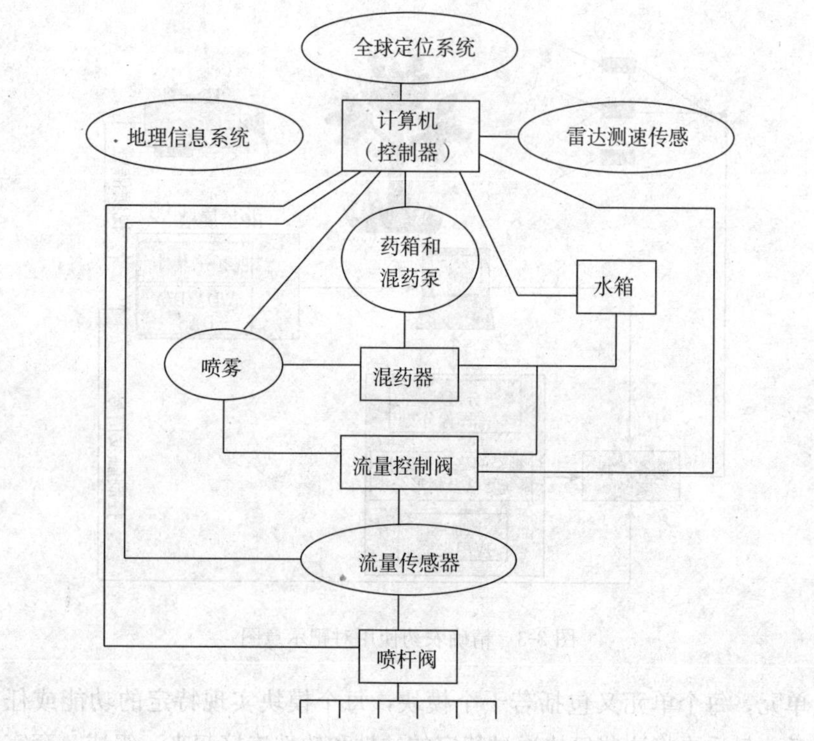

图 3-4　基于地图的可变量喷雾系统

GPS 定位，对实际农药施用量与相应的地理坐标位置进行不间断记录，并传送给地理信息系统作为历史数据以确定农药雾滴在田间的分布状况。喷杆阀是控制喷杆上液流的开关，可通过喷杆阀对控制区域进行快速准确的施药量调控。

当喷雾机操作者开始作业时，机载计算机软件将首先检查从 GPS 上下载的数据。计算机还会做出相关提示，如所需的农药种类、农药和水的需用量。操作员把药箱装上喷雾机，并将其与计算机（控制器）进行连接。计算机将从安装在药箱上的微型集成电路片上读取信息，以检查并确保针对特定作物和虫害的正确农药种类及其适宜的喷施药量。计算机还要检查药箱上的传感器，以确认药箱中装有足够的药液。为了给水箱加水，操作员将一根胶管连入水箱，并加装调控阀门，由计算机对其施行自动化控制。若水箱内水量不足，进水阀就会打开。当计算机感知水箱内已有能够满足本次喷药的水量时，进水阀就会自动关闭。

此外，当喷雾机作业人员在一块区域为许多地块进行喷药时，系统可以调出该作业区域相关道路信息图，并显示在驾驶室中的显示器上。车载GPS系统将实时播报喷雾机所在实际位置，并确定到达预定地块的最佳行驶路径和预计时间。当喷雾机到达预定作业地块时，显示系统可以自动加注比例尺和提示信息，建议作业人员应该从哪些作物进行开进、喷药。

完成全部作业任务后，作业人可将作为地块位置函数的实际施药量等操作信息进行下载，并将所有数据输入GIS中，以备今后作业过程中的随机调用。此外，这些数据对于今后研究不同农药的作用效用也是十分有用的，还可以为完善信息决策功能等提供支持和帮助。

第二节 机械节药技术

现代农药技术的组成离不开三个方面：农药与剂型、施药工艺和施药机械，三者相辅相成，密不可分。机械节药技术主要是通过采用先进的农药施用机械进行精准喷雾作业等，避免施药过程中的“跑、冒、滴、漏”现象，进而实现农药利用率的提高和农药用量的削减。节药机械主要包括：低量静电喷雾机、自动对靶喷雾机、防飘喷雾机和循环喷雾机等。

一、我国主要节药机械

节药机械作为作物有害生物防治必不可少的工具之一，其发展对提高用药效率、效果，以及确保农产品安全生产等作用重大，而节药机械水平的高低是衡量农业水平和现代化程度的准绳。我国节药机械以经济发达地区发展最为迅猛，其中又以浙江省最具代表性。

1. 手动节药机械 目前，我国节药机械产品品种多达20余类近千种，但大同小异，且仍以手动式节药机械为主，其产销量占节药机械总产销量的80%以上（主要手动节药机械产品参见表3-1）。

表3-1 主要手动节药机械产品介绍

类别	型号	牌号	药箱容积（升）	工作压力（兆帕）	材质	产地	作用效果
背负式喷雾器	3WB-13	工农-16（金苗、金种、青蛙）、双燕-16	16	0.3～0.4	铁皮	福建	雾滴细，施药效率高，抗风能力强，可在4级风及以下时使用；环保效果好，用药量减少至少50%，环境污染小；整机净重小，比同容量的传统机械减轻了将近50%，大大减轻了农户的劳动强度
	3WBS-16	云峰-16（红峰、飞燕、新生、绿叶、韶峰、利农）	16	0.3～0.4	高低压聚乙烯	云南	
	3WB-14	白云-14（泾农、年丰、陆西）	16	0.3～0.4	高低压聚乙烯	江西	
	3WBB-16	同力-16	10	0.3～0.4	玻璃纤维	浙江	
	3WB-10	长江-10	7	0.3～0.4	铁皮或高低压聚乙烯	江苏	
	3WS-7	552丙型（青蛙、通农、咸农）	16	0.2～0.4	铁皮	广东	
	QH-025	16L-A4	18	0.2～0.4	高低压聚乙烯	浙江	
	SX-18C	市下	7	0.2～0.4	高低压聚乙烯	浙江	

（续）

类别	型号	牌号	药箱容积（升）	工作压力（兆帕）	材质	产地	作用效果
压缩式喷雾器	3WS-6	江南-6	6	0.15～0.6	铁皮	广东	产品结构合理，机件采用高强度工程塑料和不锈钢材料制造，抗化学腐蚀能力强，雾滴均匀，喷头可调，设安全阀，超压自动保护，一次充气可将筒液喷尽；药物雾滴均匀，附着率高，适用于喷施各种杀虫剂、杀菌剂
	3WBS-6	大农	6	0.2～0.4	高低压聚乙烯	浙江	
单管喷雾器	WD-0.5	工农-0.5	6	0.7	铜质	山东	设计合理，内置空气室、唧筒，作业时可以避免同植物相碰，损伤作物；配备多型喷头，可满足不同作物防治需要，并可根据不同作物距离调节间距；操作便利、可靠，可连续喷洒，也可点喷，节约农药20%以上
	3WBS-16A	福瑞达	1.6	0.2～0.3	高低压聚乙烯	浙江	

目前，我国在田间采用喷雾式农药喷施方法进行农作物病虫草害防治工作时，尚未引入标准化概念，盲目作业普遍。

2. 先进节药机械　从国内外节药机械的发展特点和重点领域来看，我国目前节药机械研发主要侧重于以下 3 项技术。

（1）机电一体化技术　机电一体化是 20 世纪逐渐形成并迅速发展起来的一门新兴技术。它是建立在机械技术、微电子技术、计算机和信息处理技术、自动控制技术、传感与测控技术、电力电子技术、伺服驱动技术、系统总体技术等现代高新技术群体基础之上的一种高新技术。其突出特点在于它在机械产品中注入了过去所没有的新技术——把电子器件的信息处理和自动控制等功能“融入”到机械装置中去，从而获得了过去单靠某一种技术而无法实现的功能和效果。近年来，机电一体化技术在国外农业机械上得到广泛应用，在我国限于成本等因素，多用于大中型农业机械，小型机械应用偏少。

（2）自动对靶施药技术　目前，主流的自动对靶施药技术有两种：一是基于图像识别技术。该系统由摄像头、图像采集卡和计算机组成。计算机把采集的数据进行处理，并与图像库中的资料进行对比，确定对象种类，以控制系统喷药。二是基于叶色素光学传感器。该系统的核心部分由一个独特的叶色素光学传感器、控制电路和一个阀体组成。阀体内含有喷头和电磁阀。当传感器通过测试叶色素差别作物存在时，即控制喷头对准目标进行药剂喷洒。如美国伊利诺依大学农业工程系田磊等人开发的“基于机器视觉的西红柿田间自动杂草控制系统”，据介绍使用该系统能节约用药60％～80％。

（3）施药防飘逸技术　在施药过程中，控制雾滴的飘移，提高药液的附着率是减少农药流失、降低对土壤和环境污染的重要措施。欧美国家在这方面采用了防飘喷头、风幕、静电喷雾和雾滴回收等技术。

二、节药机械选用、使用与维护

1. 节药机械选用

（1）深入了解病虫草害发生特点、为害部位及施药方法和要求。同时，掌握所用药剂的剂型、物理性状及具体的施药方式（喷雾、喷粉、喷烟等），以便选择合适的节药机械类型。

（2）根据防治对象的田间自然条件来选择与其适应的节药机械。结合地形地貌特点、操作方式等，充分考虑机械在田间作业的适应性与通过性能。

（3）了解田间作物栽培及生长发育情况，综合考虑作物的生长状况和生长周期特点，以及药剂的覆盖部位和密度，确保节药机械的喷洒性能满足防治要求。

（4）如购买用于喷洒除草剂的喷雾机械，则还需配购适用于喷洒除草剂的相关附件如狭缝喷头、防滴阀和集雾罩等。

（5）预判所选节药机械在操作使用中的安全性。如是否漏水、漏药，对操作人员的有无毒害、污染，对农作物是否会产生药害等。

（6）根据种植品种、生产规模、经济条件、防治面积大小、购买能力及机具作业费用的承担能力，明确节药机械的工作能力和动力类型。

（7）选用经过产品质量检测部门检测并达标的产品。了解所选机械产品有无获得过推广许可证或生产许可证，并了解其有效期等。

（8）树立品牌意识，通过多渠道了解产品及生产厂商的信誉好坏，产品质量高低，售后服务优劣以及是否获过能够反映质量的奖项等。

（9）购买机械之前要到相同生产条件的作业单位进行调查研究，了解打算购买的节药机械的使用情况，作为参考。

（10）购买选定好的机型时，应按照装箱单检查包装是否完好，随机技术文件与附配件是否齐全。

2. 节药机械使用

（1）掌握植保机械的安全操作技术，会正确检查和保养维护，确保机械不渗漏，作业前一定要试喷。

（2）熟悉农药的性能，首先选用毒性最小、残毒最低的药类，严禁使用禁用的剧毒农药。

（3）配药和喷药时应穿着专用的工作服，戴口罩、手套，暴露皮肤处涂上肥皂，应尽量避免皮肤与农药接触，施药时穿的衣物施药后要及时清洗。

（4）皮肤有伤口者，经期或孕期的妇女都不允许参加喷药作业，作业中途不得吃食、喝水和抽烟。

（5）喷药时采用上风向侧打和回程退行左右打相结合的喷药方法，根据风向变化，及时改变作业的行走方向。工作人员连续作业时间不宜过长，尽量在晴天早晚喷药，风速较大、炎热的中午、作物表面有雨水或露水较重时严禁再施药。

（6）喷药时要注意行走速度、喷药面积、喷药时间的配合关系，一般行走速度在每分钟 15～16 米，不可停留在一处喷药，以防引起药害。

（7）喷雾机械在田间发生故障时应先卸除管道及空气室内压力，然后再拆卸。如管道或喷头发生阻塞，严禁用嘴吹吸。

（8）在田间放置的农药要有人看管，不用的农药需专放，禁止放置在机具内或随意倒入其他容器。

（9）配药容器应专用，尤其要注意防止儿童玩耍喷药器具或误食农药。装农药的容器和包装袋使用后应送回库中或及时妥善处理。

综上所述，只有在保障操作者安全使用节药机械的前提下，才能将节药机械的功能充分发挥，以达到节约农药、保护环境、提高农产品质量和安全性等目的。

3. 节药机械的常规维护 不同的气候条件、作业环境、操作习惯、农药种类和剂型，以及制造材料（钢板、橡胶制品或塑料）等均会影响机械的使用效果和使用寿命。要保证节药机械有良好的技术状态，延长其使用寿命，维护保养是非常重要且必要的，应做到以下几点：

（1）添置节药机械后，应仔细阅读使用说明书，了解其技术性能和调节方法、正确使用和维护保养方法等，并严格按照规定进行机具的准备和维护保养。

（2）可转动的机件应按照规定进行润滑，各固定部分应固定牢靠。

（3）各连接部分应连接可靠，拧紧并封闭好，缺垫或垫圈老化的要补上或更换，不得有渗漏药液或漏药粉的地方。

（4）每次喷药后，应把药箱、输液（粉）管和各工作部件排空，并用清水清洗干净。喷施过除莠剂的喷雾器，若再用于喷施杀虫剂，必须用碱水进行彻底清洗。

（5）长期存放时，各部件应先用热水、肥皂水或碱水进行清洗，再用清水清洗干净，可能存水的部分应将水放净、晾干后存放。

（6）橡胶制品、塑料件不可放置在高温或太阳直射的地方。冬季存放时，应使其保持自然状态，不可过于弯曲或受压。

（7）金属材料不要与具腐蚀性的肥料、农药等一起存放。

（8）磨损和损坏的部件应及时修理或更换，以保证作业时良好的技术状态。

4. 手动式节药机械保养　手动式机械作为目前使用量最为广泛的节药机械，其在使用过程中和使用前后应注意如下细节：

（1）每次使用前仔细检查　使用前必须细心检查喷杆过滤和喷头内孔是否被杂物堵塞、缸内吸水过滤网是否阻塞、缸桶内是否有杂物、加压皮碗是否有压力以及连杆螺栓是否松动等。

（2）清洗时忌用洗衣粉浸泡零部件　部分农户喜欢用洗衣粉浸泡、刷洗零配件上的油脂、污渍，此举会加剧部件的老化和腐蚀。正确的方法是，在清洗喷雾器外表及零部件时，用洗洁精涂抹后再用软刷擦洗，再用一根软管套在自来水龙头上冲洗、晾干（忌在太阳下暴晒），然后将金属零部件涂抹优质防锈油。

（3）修补胶的配制　喷雾器等的外桶一旦有裂缝或喷杆断裂，可自己进行修补。修补胶配方（份）：E-44 环氧树脂 100 克，酚醛树脂 60 克，邻苯二甲酸二丁酯 15 克，丙酮（或酒精）30 毫升，苯二甲胺 20 克。按配方计量后，把环氧树脂和酚醛树脂混合拌拉，加入邻苯二甲酸二丁酯和丙酮搅拌、混匀，再加入苯二甲胺，混匀后即可使用。黏接之前，先把待修补的表面洗刷干净，干燥后用刷子涂胶，晾置一定时间后覆盖玻璃布（预脱脂处理），再刷几次胶，在室温下放置 24 小时即可固化，待完全固化后方可使用。

（4）停用后的正确保管　喷雾器停用后把药液桶、胶管、喷杆等部件的外表擦洗干净，要特别注意清除打气筒上的油垢和外部桶底凹部的泥土。能拆卸的部件都要拆下来洗刷干净，喷杆、喷头的内管壁要用机油冲洗，以免受潮生锈；螺栓螺母等固定件或者经常受到磨损的地方都要涂上防锈油（甘油），并置于通风、阴凉处存放，发现有损坏的部件要及时修配好。

5. 机动式节药机械保养 机动式机械是以汽油或柴油机动力输出为动力的施药机械，药液经驱动泵压缩后喷洒到农作物上。为保证其技术状态良好，必须正确使用、妥善维护。

（1）清洗 喷药作业后，清理机体表面的油污和灰尘，倒尽药箱内残存药液，再灌上清水喷洒几分钟，并将剩余清水排除干净。

（2）及时检查 作业后及时检查油管接头是否漏油、漏气，压缩压力是否正常。检查机体外部坚固螺钉，如有松动要拧紧，如脱落要及时补齐，同时补充润滑油和相应机油。

（3）短期存放 保养后将机械存放在干燥阴凉处，做好防尘、防灰工作，保持机器清洁，防止电机等受潮、受热。

（4）长期存放 长期不用时，除把药液箱、液泵和管道等用水清洗干净外，还应拆下三角皮带、喷雾胶管、喷头和混药器等部件，将其清洗干净后与机体一起放在阴凉干燥处。对塑料部件应避免碰撞、挤压和曝晒。对所有零部件保养后，应用农膜包装盖好，放置在通风干燥处（忌与化肥、农药等腐蚀性强的物品堆放一处，以免锈蚀而损坏）。

第三节 物理节药技术

物理节药技术是指利用温度、光照、颜色、电磁、声、辐射和其他物理技术手段对农田或仓储中的病、虫、草害等进行防治，进而达到减少农药投入的技术。该技术的运用在一定程度上可以有效替代传统化学农药，减少农药施用量，使农作物增产，并保证农产品的质量安全，有利于改善耕地质量，阻止环境恶化和生态退化，具有显著的环境效益、经济效益和社会效益。

一、热力技术

1. 高温杀灭技术 高温杀灭是指利用持续高温使防治对象体内蛋白质变性失活，酶系统受到破坏，进而达到杀灭效果。下面以虫害防治为例，对常用防控方法逐一进行举例说明。

（1）沸水浸烫　该方法适用于消灭数量不多的豆类害虫（如蚕豆象、豌豆象和绿豆象），一般可以将虫子全部杀死，并且不影响后续发芽率。处理时，先将水烧开，将豆子放入适当大小的容器中，随后用沸水浸泡。一般而言，蚕豆浸30秒、豌豆25秒。浸烫过程中必须使水温维持在较高水平，并且每次浸烫的豆子数量不能过多，以保证其受热均匀。待浸烫结束后，将豆子放入冷水中冷却，然后置于通风处摊晒、晾干。

（2）日光曝晒　日光曝晒是对仓储粮食进行干燥和防霉治虫最为经济有效的方法。一般在温度为50℃左右的情况下，将粮食持续曝晒2～4小时，即可将其中的害虫全部杀死。如果当地日照条件好、气温较低，可利用太阳能人造场进行晒粮杀虫。该方法简单易行，其具体做法是：在平整干燥的晒场上，先根据粮食数量铺设适当大小的竹帘，再在竹帘上铺设一层黑布。在日照下，待黑布晒热温度升高到40℃左右时，将粮食均匀地平摊在黑布上，厚度为3～5厘米。粮食摊平后，在粮食的上面覆盖一层黑布，再在黑布上面放置竹架，竹架上再覆盖一层塑料薄膜。竹架的高度以能使黑布与塑料薄膜之间达到20～30厘米的空间为宜。薄膜四周要用长沙袋或砖石等镇压物压紧，并要在塑料薄膜的四周留出一些排气孔，供晒热的粮食排出水汽之用，以防止结露，排气孔要在薄膜内出现水汽时打开。使用太阳能人造场与普通日晒法相比，其降低含水率效果提升一倍以上，并且能将粮食中的害虫全部杀死，是一项有效杀灭害虫和降低仓储粮食含水率的经济措施。

（3）远红外杀虫　远红外杀虫是新型的高温杀虫方法，远红外线是波长2.5～100微米的电磁波，具有光的特性。通常设备为远红外烘箱，烘箱以电能为热源，通过光学组件转变为远红外线，利用其特有的热效应及穿透力，达到杀虫的目的。照射温度和时间是保证杀灭效果的关键。远红外线照射的能量流可使被照射物体内部和外部均匀受热，快速达到害虫致死高温。

2. 微波杀虫技术 微波杀虫的基本原理是当虫体在高效能的微波作用时，在热效应机理和非热效应机理的双重作用下，最终致使害虫死亡。如德国车荷恩赫农业机械公司研制生产了一种微波灭虫犁，这种犁的犁尖壳内有台 6 000 瓦的微波发射机，该犁用拖拉机或农用车带动，在耕作翻土时，微波通过犁尖发射到土壤中，可消灭 50 厘米深土层中的害虫和病菌，起到对土壤消毒、灭虫的作用。又如河北省高碑店市微生物研究所研制的粮食杀虫灭菌机，采用紫外线和臭氧杀菌相结合的方法对粮食进行处理，由计算机控制全部工作程序。其特点是无药物残留、无环境污染，不破坏粮食固有的营养成分，提高了仓储粮食的品质，延长了粮食保存期。

3. 低温冷冻杀虫技术 低温冷冻杀虫是根据害虫的生活习性，将害虫置于致死低温环境之中，达到杀灭害虫且环保的一项物理治虫技术。低温冷冻杀虫可以根据当地情况，采取仓外冷冻、仓内冷冻或者是仓内外冷冻相结合的方法进行。对玉米象、米象、豆象和麦蛾等隐蔽性储粮害虫，以及锯谷盗、日本蛛甲和螨类等耐寒力强的害虫，杀灭效果较为显著。

二、分离捕集技术

在农业生产中往往利用物理机械装置，并结合光照、色板和性诱剂等手段对病虫害进行靶标式隔离、捕集或杀灭，可大大减少农药的使用量，达到节药农药、保护环境的目的。

1. 机械分离捕集技术

（1）仓储害虫防治 主要是根据害虫和粮食的形状、大小、密度的不同，以及在机械运动中害虫受惊表现出的假死习性，利用风力和筛子等措施将害虫和粮食分开进行防治。主要方法有：一是风车除虫。在粮粒与害虫通过风车时，由于比重和形状的不同，在气流的作用下，比重较小的害虫、尘杂被风吹到了相对较远的地方，而比重较大的粮粒则落至较近处，进而将粮粒与害虫分开。二是筛子除虫。筛子除虫是利用粮粒和害虫的大小、形状不同，选用不同筛孔的筛子，通过过筛使粮粒和害虫发生分离。在我国农村中有着广泛应用的手筛、吊筛和溜筛就属于此类器具。

(2) 农业害虫防治　以我国时常暴发的蝗害为例，目前应用最为广泛的是适于治理草原蝗害的负压气流吸捕机械化灭蝗技术。该技术利用拖拉机动力输出轴驱动风机产生较强负压气流，在行走过程中实现对草地蝗虫的吸入式捕集。目前主要有：青海省机械科学研究所的徐萌生等人研制了气吸式草原蝗虫捕集机；马耀等人研制了一种草原蝗虫吸捕集机、适于农耕地的气吸式灭蝗机；姚福祥研制了一种高速灭蝗采蝗汽车等。其中适于农耕地的气吸式灭蝗机每天可以灭蝗6～8公顷，成本仅为每公顷10～15元。

2. 食饵诱杀　主要方法有：一是毒饵诱杀。如在耕作定植前，用90%美曲膦酯晶体可大量杀死地老虎和蝼蛄等。二是糖醋液诱杀，取糖6份、食醋3份、白酒1份、90%美曲膦酯晶体1份、水10份充分混匀，装入广口容器中，放于田间可诱杀甘蓝夜蛾、地老虎等成虫。此外，还可以用苍蝇纸诱杀潜叶蝇。

3. 潜所诱杀　利用害虫的生活习性，营造各类符合其习性的场所，引诱害虫潜伏或越冬，并予以消灭。如谷草把诱杀，在东北，将高粱秸或玉米秸每五六捆架成三脚架，或以0.67米长的谷草扎紧一端成0.067～0.1米粗的草把，引诱黏虫蛾子潜伏，清晨检查、消灭。又如杨柳枝诱杀，将长约60厘米、直径1厘米左右半枯萎的杨柳枝或榆树枝每10枝捆成一束，基部一端绑一根木棍，每亩插5～10束枝条，并蘸90%美曲膦酯300倍液，该法可诱杀烟青虫、棉铃虫、黏虫、斜纹夜蛾和银纹夜蛾等害虫。

4. 作物诱集　将害虫喜欢的植物栽种在田间小块土地上，引诱害虫群集取食或集中产卵，并伺机加以消灭。例如，在大片茄园附近种植少量马铃薯，以诱杀马铃薯瓢虫。在棉田间作玉米，诱集棉铃虫在玉米上产卵，并予以消灭。

5. 光照诱捕　利用昆虫的趋光性，应用光线诱杀农业害虫是一项重要的物理防治措施，也是综合防治的重要组成部分。我国20世纪 60 年代开始推广的黑光灯诱杀成虫技术取得了很好的成效。

最近，频振式杀虫灯开始在一些地区引进推广。频振式杀虫灯借鉴黑光灯的基本原理和应用经验，利用害虫的趋光波特点，将频振波作为一项诱杀害虫成虫的新技术加以应用，并将光的波长范围拓宽至 320～400 纳米，增加了诱捕害虫的范围。该技术使用范围很广，可广泛地应用于蔬菜、仓储、茶叶、烟草、园林、城镇绿化和水产养殖等方面。国产频振式杀虫灯品牌众多，其中以佳多频振式杀虫灯最具代表性（图 3-5），它针对昆虫小眼视柱周围色素对光具有趋向的特点进行研发，利用昆虫不断释放性激素的习性，通过技术手段加以控制，使天然性激素引诱得到充分发挥。可诱杀棉花、水稻、小麦、杂粮、豆类、蔬菜、果树和烟草等多种作物上的多种害虫。

图 3-5　佳多频振式杀虫灯

6. 色板诱捕　色板是根据昆虫的趋色性，利用特殊黏合剂，诱捕某些飞行和爬行类昆虫的一种装置。不同种类的昆虫，其趋色性不同，如蚜虫、粉虱、叶蝉和潜叶蝇等昆虫对黄色有较强的趋向性，而在夜间活动的一些蛾类和甲虫则对 360～400 纳米的紫外光有很强的趋向性。一座栽种蔬菜 330 米^{2}的温室，常规防治每次开支约 16 元，一个生产周期防治次数不低于 6 次，费用总计约 96 元。若采用色板，每间温室挂 3 张，花费仅为 84 元，且综合防效优于传统防治。

7. 性诱剂诱捕　昆虫性诱剂是仿生高科技产品，通过诱芯释放人工合成的性信息引诱雄虫至诱捕器，杀死雄虫，达到防治虫害的目的。这里以蔬菜生产中性诱剂的使用为例进行说明，相关原则和注意事项在其他防治领域同样适用。

（1）正确选择性诱剂　所选性诱剂要对防治靶标具有较高的专一性，目前蔬菜生产中大范围应用的性诱剂主要是针对斜纹夜蛾、甜菜夜蛾和小菜蛾的若干种性诱剂。

（2）选好诱芯、及时更换　诱芯是性诱剂的载体，必须选择适宜的旋芯才能使性信息素分布均匀，释放稳定且延续长久。使用时还要根据诱芯产品性能及天气状况适时更换，以保证诱杀效果，每根诱芯一般使用 30～40 天。

（3）诱捕器的设置　诱捕器可挂在竹竿或木棍上，固定牢，高度应根据防治对象和栽培作物进行适当调整，太高、太低都会影响诱杀效果。一般斜纹夜蛾和甜菜夜蛾等体型较高的害虫专用诱捕器底部距离作物（露地甘蓝、花菜等）顶部 20～30 厘米，小菜蛾诱捕器底部应距离作物顶部 10 厘米左右。同时，挂置地点以上风口处为宜。诱捕器的设置密度要根据害虫种类、虫口密度、使用成本和使用方法等因素综合考虑。一般针对斜纹夜蛾和甜菜夜蛾每 2～3 亩设置 1 个诱捕器、每个诱捕器 1 个诱芯；针对小菜蛾每 1～2 亩设置 1 个诱捕器，每个诱捕器 1 个诱芯。

（4）使用管理　管理是性诱剂应用过程中的重要环节，科学管理可以大大提高性诱剂的防治效果。管理主要是及时清理诱捕器中的死虫，并进行深埋；适时更换诱芯，既要确保诱杀效果又要保证诱芯发挥最大效能；使用完毕后，要对诱捕器进行清洗，晾干后妥善保管。性诱剂使用应集中连片，这样可以更好地发挥性诱剂的作用。

（5）防治时机选择　根据诱杀害虫在当地发生的时间确定和调整性诱剂应用时间，总的原则是在害虫发生早期，虫口密度较低时开始使用效果较好，可以真正起到控前压后的作用，而且应该连续使用。

三、气调技术

在传统高温杀虫的基础上，通过填充气体（如CO_2和N_2等），辅以一定比例的（混合）熏蒸药剂（如溴甲烷和磷化氢等），并结合地膜铺设等技术，造成特定环境内氧气含量大幅下降，也可以对环境中的害虫和绝大多数病原微生物有效杀灭和防控。如河南工业大学黄志宏等人曾在高温高湿地区仓储杀虫中利用氮气充填增强害虫杀灭效果，其研究数据显示，充填氮气虽然在一定程度上增加了防治成本，但该方法能够替代长期使用的磷化氢杀虫法，在一定程度上实现了绿色无公害储粮，大幅减少有害物质对仓储保管人员等的危害，并建议将氮气充填作为常规仓储保管方法加以应用（氮气浓度维持在95%以上）。

四、激光技术

1. 激光杀虫技术 不同种类的昆虫和微生物对不同频率的激光敏感程度不同，可以根据不同靶标特性选用相应的激光进行照射，增强防治的特异性。红宝石激光器发射波长为694.3纳米的激光，能杀死颜色较深的皮虫、棉红蛛和红叶螨等害虫；氩离子激光器发射的488纳米蓝色光，在水平传播时衰减很小，其对水中的孑孓有很强的杀伤力；二氧化碳激光器发射的不可见光对消灭飞行中的蝗虫非常有效；在强度较高的激光作用下，虫卵的孵化率大大降低，可显著阻止害虫繁殖；利用昆虫复眼对不同波长光的识别能力差异，用可调激光可以诱使害虫进入捕虫器并杀灭。

2. 激光除草技术 激光除草是利用杂草和作物叶片所含叶绿素差异，选择杂草叶片吸收性最强的激光扫描农田，杂草叶子因吸收过量的激光能量而枯萎、死亡，作物的叶片吸收到激光能量相对较少，对其生长不构成严重危害。激光除草技术的发明，直接减少了农用除草剂的使用，对农业生态环境的保护起到了积极的促进作用。利用激光能量可选择性防除陆生和水生植物，例如：使用650瓦、10.6微

米的 N_2-CO_2-He 激光器，束宽 0.33 米时，照射 0.25 秒，即可导致水下水生杂草因基础代谢过程中断而死亡，水生风信子属杂草和莲子草等辐射后几乎立刻枯萎。美国陆军工程兵团运用激光来控制航道中水生杂草滋生，用功率为 1 350 瓦激光器照射水草 1.9 秒，即可取得预期效果；用功率为 650 瓦的激光器照射 0.025 秒也有明显的除草作用。

五、声控技术

当声波频率与害虫自身频率一致时，就会产生谐振，使敏感害虫产生厌恶感或恐惧感，影响其正常进食，使其难以生存、繁育，主动离开。伴随着这一现象的发现及其机理阐释，声控法被越来越多地应用于杀虫控虫领域。如我国研制的“农作物声波治虫仪”是利用声波共振的原理，依据为害作物的不同害虫对不同频率声波及其对天敌声音产生过激反应的特点，发出共振声波，致使害虫受到惊吓、停止取食、肌肉萎缩，直至死亡，并达到减少化学农药使用的目的。这类仪器设备可以广泛地应用于粮田、蔬菜、果园、茶园、林木和烟田的害虫防治，除了能够减少化学农药对环境的污染、避免害虫天敌被毒害外，还具有以下独特优势：一是治虫范围广，可针对不同害虫，调制出能够引起害虫产生过激反应的不同声波；二是防虫面积人工可控，利用 1 台主机控制多台分机，分机可按害虫分布的范围和密度人为设定；三是使用经济，设备一次性投入可多年使用，每次使用所消耗的只有少量的电能；四是治虫效果好，在准确预测害虫发生期的前提下，可将害虫为害程度降低 85%；五是操作简便，不需要专业的技术人员；六是安全可靠，对人畜无伤害。

六、辐照技术

辐照防治害虫技术是利用各种电磁波照射虫卵、幼虫、蛹和成虫等，昆虫受到辐照后体内发生一系列的生理和结构变化，致使代谢紊乱，生育能力丧失，严重的直接导致个体死亡，以此达到有效杀灭害虫和减少化学农药使用目的的一类物理防治技术。在众多的电离辐射中被广泛应用于辐照杀虫的主要是γ射线、10兆电子伏以下的电子束和X射线（5兆电子伏），三种杀虫射线的比较如表3-2所示。

表3-2　主要辐照杀虫射线对比

项目	γ射线	电子束	X射线
性质	电磁波	带电粒子束	波粒二相性
能量	1.17兆电子伏、1.33兆电子伏、0.66兆电子伏	<10兆电子伏，可调	<5兆电子伏，可调
剂量率	低	高	一
污染	核废料	无	无
穿透力	强；能穿透混凝土、铅	弱；在水中2.5兆电子伏的电子束的穿透力为4厘米	中；在水中3兆电子伏的射线与钴源γ射线相当

1. γ射线杀虫技术　γ射线是一种波长极短的电磁波，具有极强的灭菌杀虫能力，目前用来照射的射线源主要是钴60（^{60}Co）和铯（^{137}Se），两种同位素都能放出穿透力极强的γ射线，但^{60}Co的应用更为广泛。Watters等研究了五种储粮害虫（杂拟谷盗、赤拟谷盗、锈赤扁谷盗、谷蠹和谷象）在62.5～1500戈瑞范围内的辐照效应，发现在500戈瑞辐照作用下，五种害虫最多只能存活三周。γ射线辐照后对储粮的品质基本没有影响，刘书城等用^{60}Co对玉米、大米和小麦进行辐照，研究玉米象和豌豆象的致死剂量，同时研究辐照对储粮品质的影响，发现辐照剂量在0.2～2.0千戈瑞时对玉米、大米和小麦的蛋白质、总糖、还原糖、淀粉含量，以及18种氨基酸的含量均无明显影响。

2. X射线杀虫技术　不同的生物细胞，对X射线有不同的敏感度，当害虫体内X射线积累到一定的剂量时，其机体会遭受损伤，直至死亡。由于^{60}Co加速器建站投资大、运行费用高。因而，在应用辐照杀灭储粮害虫时，仍以通用X射线辐照装置为主而非独立辐射站，通用X射线辐照装置在替代溴甲烷等化学熏蒸法杀虫灭菌方面作用也更加突出。一台X射线辐照装置可产生每小时25千戈瑞左右的辐射量，每天可处理200～400吨粮食，年处理能力可达4万～6万吨，每年可从虫口夺回几千吨粮食，而处理成本仅为每千克几分钱。

3. 电子束杀虫技术　研究表明，电子束辐照杀虫可以直接杀死害虫或导致其不育、不孵化和不羽化，对害虫防控效果明显，可作为化学熏蒸法的替代方法或有益补充。该技术具有辐照束流集中、定向，辐照效率高，不产生放射性废物，无残毒，环保，低能耗和运行操作简便等特点。

七、阻隔技术

根据防治对象的生活习性（侵染和扩散行为），设置各种物理障碍，阻隔害情蔓延，并起到一定的节约用药效果的措施被称之为阻隔法节药技术。常用的阻隔法节药技术主要有下面几种。

1. 果实套袋技术　目前果实套袋技术已广泛应用到苹果、桃、梨、柑橘、橙子、柚子等生产上。如莫永坤等人在研究柚果套袋防虫技术时发现，针对柚类虫害，使用化学农药防治效果差，并会导致柚果减产，其商品价值也会受到影响。采用套袋防虫技术后，柚果外形美观，品质优良，节约用药20%，经济效益比对照每亩增收466.92元（40株），增幅27.3%，收益显著。

2. 树干涂胶技术　涂胶技术不仅可以防止树木害虫下树越冬或上树为害，还可以对害虫的发生情况加以测报。如在春尺蠖防治过程中利用雌成虫无翅且体态肥胖的特点，采用在树干一周涂松脂涂胶的方法进行处理，简便易行且收效良好。松脂涂胶的熬制方法如下：取松香10份，蓖麻油10份，黄油和白蜡各1份；将蓖麻油烧开，加入松香化开；再加入黄油和白蜡化开，冷却。使用时用温火加热熔化即可，有效期达25～30天。

3. 树干刷白技术 秋冬季节，刷白剂对树木有杀虫灭菌和保温防冻的作用。该法操作简便，预防效果好且成本低廉（图 3-6）。常见刷白剂主要为以下三种：一是硫酸铜石灰刷白剂（有效成分及配比为：硫酸铜 500 克、生石灰 10 千克），二是石灰硫黄刷白剂（有效成分及配比为：生石灰 8 千克、硫黄 1 千克、食盐 1 千克、动/植物油 0.1 千克、热水 18 千克），三是石硫合剂石灰刷白剂（有效成分及配比为：石硫合剂原液 0.25 千克、食盐 0.25 千克、生石灰 1.5 千克、动/植物油适量、水 5 千克）。

图 3-6 果树树干涂白防治病虫害

4. 粮面压盖技术 在粮食仓储害虫杀灭活动中，一般粮面覆盖草木灰、糠壳或惰性粉等可阻止仓虫侵入为害。针对蛾类害虫（主要是麦蛾）喜好在粮面交尾、产卵和羽化的习性，可采用适当物料，将粮面压盖密闭，使成虫无法在粮面产卵，起到防治作用。

5. 掘沟阻杀技术 该技术适用于应对一些根部病害，如白纹羽病、紫纹羽病、根癌病、根腐病、白绢病和根结线虫病等。目前，多采用的实施方式是：发现病株后，及时在周围挖深 1 米以上的隔离沟进行封锁，防治病菌向健康植株蔓延。

6. 防虫网技术 防虫网覆盖栽培是一项实用的环保型农业生产

新技术，覆盖在棚架上构建人工隔离屏障，将害虫拒之网外，切断害虫（成虫）繁殖途径，可有效控制各类害虫，如菜青虫、菜螟、小菜蛾、蚜虫、跳甲、甜菜夜蛾、美洲斑潜蝇和斜纹夜蛾等。此外，防虫网还具有透光、适度遮光、抵御雨水冲刷和抗冰雹侵袭等作用，能够为作物生长创造有利条件，大幅度减少化学农药的使用，使产出的农作物优质、高产、安全，为生产无公害绿色农产品提供强有力的技术保证。据试验数据显示，防虫网对白菜菜青虫、小菜蛾、豇豆荚螟和美洲斑潜蝇的防效可达94%～97%，对蚜虫的防效可达90%以上。对于经害虫（特别是蚜虫）传播的病毒型病害，铺设防虫网可显著减少减轻农作物病毒病的发生和危害。

7. 薄膜节药技术

（1）树干包膜技术　该技术可预防天牛、木蠹蛾、大青叶蝉、苹果腐烂病和轮纹病等病虫害，并可减轻冻害和日灼的危害程度。光滑树干可直接包扎薄膜，若树干粗糙可在主干上下两端各刮一圈光滑面，露出白色韧皮层即可，去除主干上的枯枝、萌芽后包扎。将薄膜紧贴主干拉紧绕两周，用细绳在主干两端扎紧。幼树生长快，应在生长季节重新绑扎一次，以免细绳勒入主干。树干包膜一年四季均可进行（当主干有霜露和雨雪时不宜进行）。包干前若在干部涂抹内吸性杀菌或杀虫剂，则效果更佳。

（2）铺设彩色地膜技术　红色膜覆盖，水稻秧苗长势旺盛；棉花类株苗高；辣椒长势明显优于自然光下栽种对照；番茄果实大，果型整齐，品质好；马铃薯品种更为优良。黄色膜覆盖黄瓜，可使黄瓜增产50%～100%；覆盖芹菜，可使芹菜叶大茎粗，株型得以改良，延迟抽薹，延长食用期。蓝色膜覆盖胡萝卜和韭菜，除可提高品质和产量外，还可提早进行收获；用蓝膜覆盖水稻育秧，可增加秧苗叶绿素含量和发根力，提高水稻移栽成活率和秧苗分蘖率，提高产量。在内蒙古地区，应用黑膜覆盖果菜类和秋甘蓝等，2个月左右时间田间基本无杂草，黑膜覆盖西瓜较覆盖普通地膜对照增产13.5%。

第四节　生物防治技术

生物防治技术就是利用各种有益的生物或生物产生的活性物质及分泌物，来控制病害及虫、草群体的增殖，以达到压低甚至消灭病虫草害的目的。生物防治主要有四方面内容：一是以虫防虫，即利用捕食性和寄生性的昆虫如蚜狮、草蛉、寄生蜂和瓢虫等防治虫害；二是利用以害虫为食料的脊椎动物来防治害虫，如鸟类、蛙类等；三是利用微生物防治病虫害，即利用昆虫病原微生物和植物病原菌如细菌、真菌、病毒等及其代谢产物（毒素、抗生物质等）防治病虫害；四是杂草的生物防治，即利用食草性昆虫和专性寄生于杂草的病原菌防治杂草。生物防治以其无毒、低害、无污染、不易产生抗药性和高效等优点，在植物病虫草害防治中越来越受到人们的重视。

一、利用害虫天敌防治虫害技术

生态系统中，根据种间关系可将物种的天敌分为两大类：捕食性天敌和寄生性天敌，利用天敌进行虫害防治正是有效地利用了这两种关系。

1. 捕食性天敌（非昆虫类）防治技术　主要有野生食虫益鸟、食虫家禽、食虫蛙类、食虫鱼类等。

(1) 野生食虫益鸟与防治　我国鸟类资源十分丰富，以昆虫为食料的鸟类大约有 622 种，常见的食虫益鸟共计 7 目 17 科 57 种，如红脚隼、普通燕行鸟、白翅浮鸥、大杜鹃、四声杜鹃、小鸦鹃等。主要捕食害虫有蚜虫、螨、黏虫、蝗虫、玉米螟、稻螟虫、松毛虫、天牛、松毛虫、山楂粉蝶、刺蛾、巢蛾、金龟、地老虎等数百种之多。据统计，大山雀一天之内可以消灭害虫 400 多条；一对家燕和它的雏鸟，在整个繁殖期可以吃掉 50 万～100 万只昆虫；群居的椋鸟能消灭数以吨计的蝗虫；一只灰喜鹊一年内可消灭松毛虫 15 000 多条，能够保护一亩松林等。

(2) 食虫家禽与防治　养鸭、养鸡除虫是我国农民因地制宜常用的治虫办法，在防除农田、林木、草地害虫方面有很大的潜力。鸡、鸭捕食的害虫种类繁多，常见的有黏虫、地老虎、稻田害虫、蝼蛄、蛴螬、松毛虫、天幕毛虫、棉铃虫、棉蚜、造桥虫、豆天蛾、土蝗和飞蝗叶甲等。稻鸭共育是有机水稻生产的一种有效方式，也是一项生态型种养新技术。利用稻田中的杂草、昆虫、水中浮游物和底栖生物养鸭，既保证鸭子生长，又起到除草、灭虫、净田的良好效果；还具有增加土壤肥力等作用，既能促进水稻生长，又能改善水稻群体的生态环境，进而提高稻田的生产效益。稻鸭共育对稻田杂草和稻飞虱、叶蝉等害虫具有较好的生物防治效果。

(3) 食虫蛙类与防治　此类天敌属于两栖动物，有益的有大蟾蜍、中华大蟾蜍、中国雨蛙、泽蛙、虎纹蛙、粗皮蛙等。它们捕食害虫的数量和种类十分惊人，如一只中华大蟾蜍平均一天可捕食蝗蝻166.9头，是农田、林区和草原消灭害虫的能手，控制害虫作用十分明显。

(4) 食虫鱼类与防治　这类天敌主要用于防除水田中蚊类害虫。在我国鱼类中食水生害虫的鱼类有白鲢、草鱼、花鲢、青鱼、鲤鱼、鲫鱼、黄颡鱼、麦穗鱼、青鳟鱼等，主要捕食中华按蚊和三带喙库蚊等。我国稻田养鱼从南方到北方已全面推广应用，取得了良好的环境、社会和经济效益，颇具推广价值，如草鱼对杂草的食量很大，对茭白田的15科和20余种杂草均呈抑制作用。

2. 捕食性昆虫防治技术　主要有：瓢虫类昆虫、步甲类昆虫、虎甲类昆虫、食蚜蝇、椿象、草蛉类昆虫、螳螂、蜻蜓、蚁类昆虫、蜘蛛类昆虫等。

(1) 瓢虫类昆虫与防治　常见的瓢虫类昆虫有：二十八星瓢虫、异色瓢虫、七星瓢虫、龟纹瓢虫、十三星瓢虫、红颈瓢虫、中华显盾瓢虫、澳洲瓢虫、大红瓢虫、红环瓢虫等，能对害虫的成虫、幼虫(幼虫)、卵和蛹进行捕食，捕食数量很大。一般而言，一头瓢虫一天可以捕食50～80头蚜虫。捕食的害虫主要有各种蚜虫、螨、介壳虫、叶蝉、飞虱、蓟马、小叶甲、鱼类翅目害虫、黏虫、草地螟、玉米螟、甘蓝夜蛾、菜青虫、小菜蛾、刺蛾等。

（2）步甲类昆虫与防治　田间常见的种类有：中华广肩步甲、赤胸步甲、毛青步甲、斑步甲、黄缘步甲、麻步甲、逗斑青步甲等。捕食的害虫种类有：黏虫、草地螟、地老虎、蝼蛄、金针虫、拟地甲、蛴螬、白边切根虫、甘蓝夜蛾、甜菜夜蛾、大豆食心虫、桃蛀果蛾、叶甲、蚜虫等害虫。

（3）虎甲类昆虫与防治　常见种类有中国虎甲、多型红翅虎甲、多型铜翅虎甲、曲纹虎甲、双狭虎甲等。这类天敌昆虫的成虫和幼虫都能够捕食害虫的成虫、幼虫（若虫）、蛹，是蝗虫类的主要天敌。

（4）食蚜蝇与防治　常见分布较广的有黑带食蚜蝇、大灰食蚜蝇、黑盾壮食蚜蝇、月斑鼓额食蚜蝇、纤腰巴食蚜蝇、狭带食蚜蝇，以及刺点小食蚜蝇等。捕食对象包括各种蚜虫、介壳虫、粉虱、叶蝉、蓟马、蝼翅目蛾和蝶类害虫的低龄幼虫。食蚜蝇成虫产卵在蚜群中或附近，卵孵化后立即捕食害虫，每头幼虫一生可捕食100～1000头害虫。

（5）椿象与防治　常见分布较广的有蜀蝽、多瘤蝽、海南蝽（厉椿）、暗色姬蝽、赤缘猎蝽、小花蝽和黑食蚜盲蝽等。这类天敌昆虫的成虫和若虫均能捕食害虫的幼虫和卵，如黏虫、刺蛾、松毛虫、山楂粉蝶、蚜虫、蝗虫、叶蝉、木虱、介壳虫、叶甲等。

（6）草蛉类昆虫与防治　常见和分布较广的草蛉有大草蛉、丽草蛉、中华草蛉、多斑草蛉、牯岭草蛉等。捕食的害虫有蚜虫、红蜘蛛、介壳虫、木虱、粉虱、叶蝉、鳞翅目蛾、蝶类的卵和幼虫。

（7）螳螂与防治　螳螂是一类体型较大的天敌昆虫，成虫和幼虫都能捕食体型较大或较小的害虫成虫、幼虫、卵，常见的种类有中华螳螂。捕食的害虫种类也较多，有蚜虫、螨类、粉虱、木虱、椿象、蟋蟀、蛾、蝶类、叶甲等。

(8) 蜻蜓与防治 这类天敌昆虫是捕食性的昆虫，常见的种类有黄衣、赤卒、大青丝蜻蜓、四星蜻蜓、深山红蜻蜓、银蜻蜓等。捕食的害虫包括蚜虫、粉虱、潜叶蝇、叶螨和蛾蝶类小甲虫等。

(9) 蚁类昆虫与防治 此类天敌昆虫主要捕食害虫的幼虫，主要种类有红树蚁和红蚂蚁等。此类天敌昆虫捕食的害虫已知有60多种，主要分布在我国广东、台湾、福建、江苏、浙江、江西、安徽和山东等省份。

(10) 蜘蛛类昆虫与防治 常见的天敌蜘蛛有黑斑卷叶蛛、草间野外蛛、近亲幽灵蛛、角圆蛛、八斑圆蛛、山地艾蛛、草间小黑蛛、横纹金蛛、温室希蛛、黑侏儒蛛、中华狼蛛、星豹蛛、山形猫蛛、双弓管蛛、金黄逍遥蛛、圆花叶蛛、鞍形花蛛、白纹猎蛛、拟环纹狼蛛、八斑球腹蛛等。捕食的害虫有稻飞虱、叶蝉、蚜虫、蓟马、粉虱、蛾蝶类、潜叶蝇、叶甲、甲虫等百余种。湖南汀阴、慈利、邵阳和湖北石首等地，采用枯草助迁蜘蛛到稻田的方法诱杀飞虱、叶蝉、稻苞虫和稻纵卷叶螟，收效十分显著。

3. 寄生性天敌防治技术 寄生性天敌按被寄生寄主的发育期来说，可分为卵寄生、幼虫寄生、蛹寄生和成虫寄生等。

(1) 卵寄生 卵寄生昆虫的成虫把卵产入寄主卵内，其幼虫在卵内取食、发育、化蛹，至成虫才咬破寄主卵壳外出自由生活，例如赤眼蜂科、缘腹卵蜂科（黑卵蜂）、平腹蜂科和缨小蜂科的大多数种类等。

(2) 幼虫寄生昆虫 幼虫寄生昆虫的成虫把卵产入寄主幼虫体内或寄主体外，其幼虫在寄主幼虫体内或体外取食、发育，成熟幼虫在寄主幼虫的体外或体内化蛹，羽化为成虫后自由生活。例如小蜂总科的许多种类，姬蜂总科的许多种类，寄蝇、麻蝇的许多种类等。

(3) 蛹寄生昆虫 蛹寄生昆虫的成虫把卵产于寄主蛹内或蛹外，其幼虫在寄主蛹内或蛹外取食，在寄主蛹内或蛹外化蛹，成虫早期自由生活，小蜂总科、姬蜂总科、寄蝇和麻蝇的许多种类均属于这个类群。

（4）成虫寄生昆虫　成虫寄生昆虫把卵产于寄主的成虫体上或体内，其幼虫在寄主体内或附在寄主体上取食、发育，在寄主体内或离开寄主化蛹，例如小蜂总科、姬蜂总科、寄蝇，以及一些种类的麻蝇等。

（5）特殊寄生　例如，广黑点瘤姬蜂产卵于老龄的寄主幼虫体内，寄主化蛹后仍在蛹内大量取食，在寄主蛹内结茧化蛹，成虫破寄主卵壳而出自由生活。具有这种生活习性的可称为“幼虫蛹寄生”。

又如，一些甲腹茧蜂产卵于寄主卵内，蜂卵或初孵幼虫落入寄主胚体之中，至寄主孵化后发育至一定时期才大量取食、迅速发育、化蛹羽化，其发育过程跨越卵和幼虫两个虫态。具有此类寄生习性的可被称为“卵—幼虫寄生”。

此外，还有一些“卵—蛹寄生”或“若虫—成虫寄生”的类群，这些寄生现象也被称为跨期寄生。例如，在日本小菜蛾是对农作物破坏性最大的害虫之一，它的幼虫会吞食茎椰菜、结球甘蓝、花椰菜、小萝卜和孢子甘蓝，且多数已适应化学杀虫剂。它的天敌是比它还小的蜂，不用放大镜很难发现。蜂在产卵时，会把卵产在小菜蛾的幼虫体内，当蜂卵孵化成幼蜂时，幼蜂便会吃掉小菜蛾的幼虫，进而达到防治小菜蛾的目的。

二、利用微生物防治病害技术

利用微生物进行生物防治主要优势在于：微生物的种类和数量众多，在根际、土壤和植株表面等处均大量存在；微生物对病原菌的作用方式多样，可通过竞争、颉颃、寄生、诱导植物产生抗性等方式对害虫和病原菌产生影响；微生物繁殖速度非常快；很多微生物可以人工培养，便于控制，在实践中易于操作；有些微生物在防治病害的同时还可以增加作物产量。用于生物防治的微生物主要包括真菌、细菌和放线菌三类。

1. 细菌防治技术 在生物防治细菌中，研究较多的是芽孢杆菌属、假单胞菌属如荧光假单胞菌、丁香假单胞菌和洋葱假单胞杆菌、放射农杆菌和某些病原细菌的无毒性突变株等。

（1）芽孢杆菌与防治 目前应用于生物防治的芽孢杆菌种类主要有枯草芽孢杆菌、蜡状芽孢杆菌、巨大芽孢杆菌、短小芽孢杆菌，以及多黏芽孢杆菌等。国外利用枯草芽孢杆菌防治丝菌、腐霉菌和镰刀霉菌等引起的病害均取得了较好的应用效果。短小芽孢杆菌可用于小麦根腐病和草莓灰霉病的防治；巨大芽孢杆菌 B1301 处理种姜能够有效地防治由伯克氏菌引起的生姜细菌性青枯病，在种姜带菌率小于5%的情况下，防治效果在 75%以上；多黏类芽孢杆菌可用于防治棉花黄萎病、黑根腐、炭疽病、赤霉病、玉米全蚀病、水稻白叶枯病、花生青枯病、马铃薯软腐病、黄瓜角斑病和青椒疮痂病等病害，对鹰嘴豆枯萎病、油菜腐烂病和黑松根腐病等病害控制效果良好，美国环境保护署已将其列为商业上可应用的微生物种类。

（2）假单胞菌与防治 假单胞菌属细菌，无核，革兰氏阴性细菌，菌体直或稍弯，以极生鞭毛运动，不形成芽孢，化能有机营养型，严格好氧或兼性好氧，大量存在于作物根际和土壤之中。许多菌株对作物病害呈现抑制作用，并能促进植株生长。其中，荧光假单孢菌是报道最多，在防治土传病害方面应用效果较好的一类生物防治菌，其对马铃薯、黄瓜、甜菜、豌豆、胡萝卜和小麦等作物的常见土传病害（如猝倒病、枯萎病、软腐病和全蚀病等）皆有不同程度的防治效果。

（3）放线菌与防治 放线菌是人们最早开始研究，并应用到生产实践之中的生物防治微生物之一。其中，最具生物防治价值的放线菌是链霉菌及其变种。沈凤英等分离出玫瑰黄链霉菌 Men-myco-93-63 颉颃菌，该菌株及其发酵液对棉花黄萎病菌和瓜类白粉病菌等多种重要的作物病原菌有较强的抑制作用。灰绿链菌的孢子和菌丝制成的制剂可以用来防治常见的一些土传病原菌，如镰刀菌、疫霉菌和丝核菌等。此外，在对稻瘟病、辣椒疫病、小麦纹枯病、玉米丝黑穗病和紫花苜蓿根腐病等的防治中也有相关抗放线菌的报道。

（4）放射农杆菌与防治　20 世纪 70 年代，澳大利亚 Kerr 等人从土壤中分离得到一株放射农杆菌，该菌株可以产生含核苷类物质细菌素 Agrocin 84。在生产中利用活体菌剂或该菌的次生代谢产物 Agrocin 84 均可有效地防治由根瘤土壤引发的桃、樱桃、葡萄和玫瑰等作物的根癌。近年来，我国分离出对葡萄根癌病有显著防效的放射杆菌 HLB2E26 和 M115，经大田试验防效可达 85%。

2. 真菌防治技术　真菌是一类真核生物，最常见的真菌是蕈类、霉菌和酵母三类。目前，已报道的可用于生物防治的真菌主要有木霉菌、毛壳菌和青霉菌等多种。

（1）木霉菌与防治　木霉菌作为一种丰富的颉颃微生物，在作物病害生物防治中具有极其重要的作用。主要有：哈茨木霉、绿色木霉、钩状木霉、长枝木霉、康氏木霉、多孢木霉和棘孢木霉等。据不完全统计，木霉菌至少可对 18 个属 29 种作物病原菌表现出颉颃活性。田连声等利用木霉菌菌株的培养物防治草莓灰霉病，防治效果可与常用化学农药多菌灵相媲美，其防效在 90%以上。绿色木霉处理西瓜幼苗能有效增强瓜苗长势，促使根系生长旺盛，抑制西瓜枯萎病菌滋生。木霉菌对棉花黄萎病菌具有强烈的抑制作用，康氏木霉、哈茨木霉、拟康氏木霉及黏帚毒对西瓜枯萎病菌、生菜菌核病菌和番茄青枯病菌均有较强的抑制作用。

（2）毛壳菌与防治　毛壳菌通常存在于土壤和有机肥之中，在作物残体、草食和杂食动物及鸟类的粪便中也常见其行踪。毛壳菌成为作物病原菌的生物防治菌被广泛加以应用。毛壳菌有 300 多个种，可预防谷物秧苗的枯萎病、甘蔗猝倒病，降低番茄枯萎病和苹果斑点病的发病率，对立枯丝核菌、拟茎点毒属、甘蓝格链孢属、葡萄孢属、毛盘孢属及交链孢属的病原菌也有一定的抑制作用。

（3）淡紫拟青霉菌及厚壁孢子轮枝菌与防治　淡紫拟青霉菌及厚壁孢子轮枝菌主要是在控制作物病原线虫方面有着很好的功效。刘杏忠等用淡紫拟青霉菌的培养料施入土壤对大豆孢囊线虫进行防治，其防效可持续23年，形成大量的空孢囊。

（4）菌根真菌与防治　菌根真菌会促进作物对氮、磷等营养元素的吸收，尤其在逆境条件下能够显著增强作物的抗病能力。对菌根真菌的接种显示，接种株叶片光合速率显著提高，植株干物质量有所增加，土中微生物的数量也有所增加。

三、杂草的生物防治技术

杂草生物防治技术就是利用寄主范围较为专一的植食性动物或病原微生物（直接取食、形成虫瘿、穴居植物组织或造成植物病害），将影响人类活动的杂草控制在经济上、生态上或环境美化上可以允许的水平以下。

1. 以虫治草技术　以虫治草技术是利用某些昆虫能相对专一地取食某种（类）杂草的特性来防治杂草的方法。治草的昆虫应具备以下特性：具有直接或间接地杀死或阻止其寄主植物繁殖扩散的能力；高度的传播扩散和善于发现寄主的能力；对目标杂草及其大部分自然分布区的环境条件有良好的适应性；高繁殖力；避免或降低被寄生和被捕食的防御能力。以虫防草获得成功的事例较多，其中最为著名的要数美国、加拿大和澳大利亚引入原产于西欧的双金叶甲（Chrysolina qnadrigemina）防治对牲畜有毒的金丝桃的案例。引入两年后，就使杂草的数量减少了99%。

几种杂草的昆虫防治：仙人掌——仙人掌穿孔螟；空心莲子草——空心莲子草叶甲，一种蓟马和一种斑螟蛾；菊科：紫茎泽兰——泽兰实蝇，豚草——豚草叶甲，黄花蒿——尖翅筒喙象；莎草科杂草：香附子和扁秆藨草——尖翅小卷蛾；其他杂草：鸭跖草——盾负虫，槐叶萍——槐叶萍象甲。

至今为止，杂草生物防治获得成功的几乎全部为多年生杂草，而一年生杂草采用生物防治成功的案例极少。

2. 以鱼、禽等治草技术　这项技术中最著名当属稻鸭共育技术（图3-7）。稻鸭共育技术起源于日本，是在我国稻田养鸭的基础上发展起来的。此技术是将雏鸭放入稻田，让鸭子吃掉稻田内的杂草，利用雏鸭不间断的活动刺激水稻生长，产生中耕的效果，并以雏鸭的粪便作肥料。实践结果表明此技术具有除虫、除草、施肥、中耕浑水、省工增效等优点，目前已在韩国、越南、菲律宾等亚洲国家得到应用和推广。此外，还有水田中利用草鱼抑制稻田牛毛毡、三棱草和稗草等多种杂草的报道。

图 3-7 稻鸭共育技术

3. 以菌治草技术 应用微生物来防治杂草也被称之为以菌治草。其主要机理涉及对杂草的侵染能力、侵染速度和对杂草的损伤性等。微生物防治杂草的方式主要有两种，即经典式和淹没式。

（1）经典式以菌治草技术 经典式以菌治草主要针对外来恶性杂草，从杂草原产地引入的菌物是与杂草协同进化的高度专化的植物病原物，该方式的应用已取得了巨大的成功，如利用黑粉菌防治藿香蓟、锈菌防治金合欢、桉叶藤不眠单孢锈菌防治桉叶藤、锈菌防治灯心草、粉苞苣、镰刀菌属真菌防治列当等。

（2）淹没式以菌治草 一般使用本地产的多主寄生的死体营养植物病原菌或专性寄生菌采用淹没式施放策略去除本地杂草（有时也用于外来杂草防治）。近年来，该领域在杂草生物防治中较为活跃，其优点是安全可靠，可以控制释放天敌的时间和地区，易于大面积应用（但成本相对较高）。例如，1981年美国注册了DeVine R和Collego TM两种菌物农药，前者是佛罗里达州棕榈疫毒致病菌株的厚垣孢子悬浮剂，用于防治橘园杂草莫伦藤；后者是合萌盘长孢状刺盘孢的干孢子可湿性粉剂，用于防治稻田和豆田中的弗吉尼亚合萌草。

在杂草生物防治作用物的搜集和有效天敌的筛选过程中，必须坚持“安全、有效、高治病力”的准则。在实行生物治草的过程中，无论是本地发现的天敌还是异地发现的天敌都必须严格按照有关程序引进和投放，特别需要做的是寄主专一性和安全性的检测，通过这种测验来明确天敌除了能作用于目标杂草外，对其他生物是否存在潜在的危害性。此外，需要强调的是，即便是同一种昆虫，在不同环境条件下，食性也可能会发生变化，必须加以留意和观测。

第五节　农业生产措施节药技术

实践证明，一些农业措施，如对种子进行包衣、添加农药增效剂、选育抗病虫害品种、嫁接技术、调整种植制度等都可以减少农药施用量，减少病虫危害，提高防治效率，又可减少因化学药剂的滥用而造成的环境污染和人畜中毒等危害，对于我国农业的可持续发展和农产品安全等具有极其重要的作用。

一、嫁接技术的应用

对不能实行轮作的保护地病害，利用抗病砧木进行嫁接栽培可有效防止和减轻病虫害，如黄瓜与黑籽南瓜嫁接，栽培茄子与托鲁巴姆、刺茄等嫁接。下面以茄子为例具体说明嫁接在节药上的应用。

1. 嫁接用砧木　好的砧木品种是提高嫁接质量与效果的重要基础，具体的选择标准包括：嫁接亲合力好，共生亲合力强，根系发达，抗逆性强和丰产等。茄子嫁接所用的砧木主要有平茄、刺茄和托鲁巴姆。

2. 嫁接育苗

（1）砧木接穗培育　一是播种期先播砧木后播接穗。秋冬茬栽培砧木一般在7月中旬播种，冬春茬砧木在9月上中旬播种，大棚早熟栽培普遍在1月左右砧木播种。二是消毒防止带菌传病。接穗种子在浸种催芽时，应当采用55℃的温水浸种，也可用50%多菌灵500倍液浸种2小时。接穗育苗床土要选择没有栽培过茄科作物的大田土，或者采用无土育苗。

（2）嫁接方法　一是劈接法。嫁接应当在砧木长到6～7片真叶，接穗长到5～6片真叶的时候进行。选择茎粗细相近的砧木和接穗进行配对，在砧木2片真叶的上部，用刀片横切去掉上部，然后在茎横切面中间纵切深1.0厘米左右的切口。取接穗苗保留2～3片真叶，横切去掉下端，再小心削成楔形，斜面长度应与砧木切口相当。然后，将接穗插入砧木切口中并对齐，用固定夹子夹牢，放到苗床地上。二是贴接法。在砧木长到6～7片真叶，接穗到5～6片真叶的时候，选择茎粗细相近的砧木和接穗进行配对，先将砧木保留2片真叶，去掉下部，再削成30°斜面，斜面长度为1～1.5厘米。取来接穗，保留2～3片真叶，横切去掉下端，也削成30°斜面，二者对齐、靠紧后，用固定夹子夹牢即可。

（3）嫁接苗的管理　一是保温。保温嫁接之后，伤口愈合适宜温度在25℃左右。所以苗床温室在3～5天白天应控制在24～26℃，最好不要超过28℃；夜间应保持在20～22℃，勿低于16℃；可以在温室内建小拱棚以保温，在高温季节应采取降温措施，例如：搭棚和通风等。等到3～5天以后，再开始放风，慢慢降低温度。二是保湿。保湿是嫁接成败的关键，要求在3～5天，小拱棚内的相对湿度控制在90%～95%。4～5天后，通风降温、降湿，但也要保持相对湿度在85%～90%。三是遮光。遮光可以选择用纸被或草帘等覆在小拱棚上，阴天不用遮蔽。嫁接后的3～4天内，要全部遮光，从第四天开始早晚给光，中午遮光，之后逐渐撤走覆盖物。当温度变低时，可适当提早见光，并提高温度，以加快伤口的愈合，温度高的中午需要遮光。大概10～15天后，待接口愈合，便可撤掉固定夹，恢复日常管理。嫁接苗砧木通常会生出侧芽，应在晴天的上午及时抹除，避免土表病菌侵染。

（4）时间控制　嫁接苗在3月下旬进行定植，秋季温室嫁接苗在9月中旬定植，冬春温室嫁接苗在12月中旬定植。

3. 嫁接效果　嫁接可以明显减少农药的使用量，茄子土传病害的病菌在土壤中存活时间一般可达3～7年，仅凭农药很难控制。因此，茄子一般不宜重茬栽种，必须与非茄科作物进行4～5年轮作倒茬。而茄子嫁接栽培技术，不仅从根本上避免了上述不利的发生，降低了农药的使用量及其残留量，且收益也得以大幅提高，每亩产量可达7～10吨，是不嫁接的2～3倍。

二、种子包衣技术

种子包衣技术是采取机械或手工方法，按一定比例将含有杀虫剂、杀菌剂、复合肥料、微量元素、植物生长调节剂、缓释剂和成膜剂等多种成分的种衣剂均匀包覆在种子表面，形成一层光滑、牢固的药膜的技术。用种衣剂包裹过的种子播种后，能迅速吸水膨胀，随着种子胚胎的逐渐发育及幼苗的不断生长，种衣剂将含有的各种有效成分缓慢地释放并被种子幼苗逐步吸收到体内，逐步达到防治苗期病虫害、促进生长发育和提高作物产量等目的。

1. 种衣剂成分　种衣剂的化学成分分为活性组分和非活性组分两大类。活性组分是指起药效作用的部分，主要是杀虫剂、杀菌剂、生长调节剂、营养物质及微生物等。非活性组分即为配套助剂，其功能是与活性组分加工后改善种衣剂的理化性质，提高药效，便于使用。它除了有常用的填充料、湿润剂、氧化剂等农药助剂外，依据具体的使用目的和方法，还包括成膜剂、悬浮剂、胶体保护剂、黏度稳定剂、安全警戒色料等一系列功能性助剂。

2. 种子包衣技术的优点 种子包衣技术的主要优点如下：一是有利于提高种子质量，保护幼苗。种子包衣以后可以提高种子发芽能力和防病保苗效果，利于实行精量播种。二是防病虫害效果好，生态效益显著。使用包衣种子可以控制某些种子带菌的传播和扩散，改开放式施药为隐蔽式施药，减少药剂用量，能保护天敌，维护生态平衡，保护环境。三是促进植物生长，提高作物产量。种子包衣剂中的微肥和植物生长剂，能刺激种子生根发芽，有明显促进前期生长的早熟作用，可提高农作物的产量和品质。此外，包衣方法还具备简便易行、省工省时的经济节约等优点，深受广大农民群众的欢迎。

三、种植制度与农业节药

在农业生产上，根据作物之间相生相克的原理进行巧妙搭配、合理种植，可以有效减轻一方或双方病虫害发生的可能，不仅大大减少了化学农药的使用，降低了农产品的生产成本，促进了农产品增产增收，对生态环境也具有重要的保护作用。下面以间作和轮作为例，举例说明其在农业生产中的成功应用。

1. 间作 如棉花或油菜间种大蒜可驱避害虫减少虫卵（大蒜挥发出来的杀菌素——大蒜素具有驱赶蚜虫的功效，能使棉花上二代棉铃虫的发生明显减少）；大豆或花生间种蓖麻可杀死害虫降低虫害。在大豆或花生地里、地边均匀地点种蓖麻，可使到豆田或花生田产卵的金龟甲取食蓖麻叶后中毒死亡，其防治效果甚至好于施用化学农药；玉米间种南瓜或花生可有效减轻玉米螟害。南瓜花蜜能引诱玉米螟的寄生性天敌——黑卵蜂，通过黑卵蜂的寄生作用，可有效地减轻玉米螟的危害。另外，玉米间作花生可使玉米螟的危害减轻。

2. 轮作 在轮作中，利用前茬作物根系分泌的灭（抑）菌素，可以抑制后茬作物上病害的发生，如甜菜、胡萝卜、洋葱、大蒜等作物根系分泌物可抑制马铃薯晚疫病发生，小麦根系的分泌物可以抑制茅草的生长。合理地轮作换茬，可以因食物条件恶化和寄主的减少而使那些寄生性强、寄主植物种类单一，以及迁移能力弱小的病虫大量死亡，腐生性不强的病原物如马铃薯晚疫病菌等由于没有寄主植物而不能继续繁殖。此外，轮作不定期可以促进土壤中对病原物有颉颃作用的微生物的活动，从而抑制病原物的滋生。

四、农药增效技术

农药的剂型和制剂的质量是决定农药产品价值和效果的关键因素，同时对生产和用户的安全，以及生态环境等都有着十分重要的影响。采用不同种类的增效助剂，或者将一种原药加工成不同剂型的产品，其产生的效果会大不相同。目前主要有两种对策方法：一是复配。即两种或两种以上的农药混合制成制剂，提高农药的毒力，缓解害虫的抗药性，但这一方法的缺陷是害虫产生复合抗药性，同时致使环境中污染物质种类增多。二是添加增效剂。添加增效剂可以大幅降低农药的有效成分用量，更为充分地发挥药效，减缓害虫产生抗药性的概率。有些农药助剂不定期可促进作物生长发育，增强其抵抗力。

1. 农药复配技术　农药单剂在使用时往往受防治效果、使用范围和药害等因素限制，并会随着病虫害抗药性的增强，防治效果逐渐下降。因此，在不断研发新药的同时，复配往往是克服原有单剂农药缺陷的主要办法。

（1）农药复配剂的类型　农药混合剂按其作用对象的不同，可分为以下几种：

①杀虫剂混合。为了克服单一杀虫剂的不足，可将不同类型和作用方式的杀虫剂进行复配。目前，主要是有机磷类与拟除虫菊酯类、有机磷类与氨基甲酸酯类、有机氮类与氨基甲酸酯酯类，以及有机氮类与拟除虫菊酯类等复配方式。

②杀虫杀菌剂混合剂。此类型主要用于拌种或土壤处理，发挥杀虫和杀菌兼治作用。如10％甲柳酮乳油、35％马酮乳油和40％氧乐酮乳油等杀虫杀菌混剂等。

③杀菌剂混合剂。为延缓植物病原菌对内吸性杀菌剂的抗性，常将内吸性杀菌剂与保护性杀菌剂复配使用。内吸性杀菌剂能为植物所

吸收，起到杀菌效果，保护性杀菌剂残留在植物体表，防止病菌入侵感染。如15%双·多悬浮剂和40%三唑酮多可湿性粉剂。

④除草剂混合剂。将持效期长短不同的除草剂进行搭配；将内吸传导型除草剂与触杀性除草剂搭配；根据杀草谱互补原理，杀单子叶杂草的除草剂与杀双子叶杂草的除草剂混用。如5.3%丁西颗粒剂和48%乙莠可湿性粉剂等。

⑤杀螨剂混合剂。由于单一杀螨剂往往对螨的发育状况有较强的选择性，有效控制期差异较大，为了对各发育阶段都能有较好的防治效果，可适当调节有效控制期，将两种杀螨特点不同的药剂加工成杀螨剂混合剂（如5%阿维达乳油和22%炔螨特乳油）。

⑥植物生长调节剂混合剂。通过促进或抑制植物生长，起到调节植物的局部或全株生长，提高产品品质和产量的作用。如2%复硝酚钾水剂和1.85%硝萘酸水剂等。

⑦多功能混合剂。由杀虫剂、杀菌剂、肥料和微量元素等加工而成的混合制剂，达到病虫兼治和促进幼苗生长的目的。

（2）农药复配原则　农药复配要遵循以下原则：

①混合剂的化学稳定性好。有机磷类和拟除虫菊酯类杀虫剂在酸性介质中较为稳定，在碱性介质和水中易降解。因此，这些农药不能和碱性农药配合，也不适合与强极性有机溶剂溶解的农药混合。

②混合剂中两种单剂的防治对象应基本相同。混合剂中只有两种单剂的防治对象基本相同时才能体现混用的优势，不然就会造成资源浪费。此外，混用药剂最好互为补充，如提高药剂的速效性、降低毒性和提高对作物的安全性等。

③混合剂的两种单剂之间对病虫草的毒力应有增效或相加作用。但对哺乳动物的毒性不应高于单剂。如5%阿维达乳油，毒性为低毒，制剂中阿维菌素为高毒，混剂的毒性降低主要是因为阿维菌素含量降低所致。然而，有的混合剂会出现毒性增加的现象，如马拉硫磷和敌敌畏等。

④混合剂对作物的安全性不应小于单剂。有些农药单独使用对作

物安全，混合使用却容易产生药害，因此在配制时必须考虑对作物的安全性。如氟铃脲防治十字花科蔬菜害虫，因该药剂不仅对小菜蛾和甜菜夜蛾致毒作用较为缓慢，还对十字花科蔬菜幼苗产生药害。开发成5.7%氟铃高氯乳油和2.2%氟铃甲维盐乳油，其新制剂的杀虫速效性大大提高，对作物的安全性也大大提高。

⑤混合剂在农产品中残留不应大于单剂。残留时间较长或较短的药剂复配，因减少了其用量，混合剂的残留量大大低于残留时间较长的单剂。如阿维菌素＋氟虫双酰胺混合剂防治水稻二化螟效果很好，且混合剂的残留量较单用氟虫双酰胺大大降低。

⑥抗性原则。选择利用无交互抗性（即害虫对某一农药产生了抗生，但另一种农药对其药效作用好）的农药品种进行复配。如菊酯类与有机磷类、有机氮类农药没有交互抗性，可以混用。

⑦混合剂中各单剂的含量必须都达到有效剂量。加工后的混合剂用于田间药效试验时，菊酯类药剂含量较低的配方药效都较低，其原因是田间药剂量易受挥发和光解等环境因素影响。在应用中，只有当两者都是有效剂量时才能发挥联合作用。

⑧混合剂中各单剂的特效期应尽可能相近。药剂的特效期长短是由其半衰期决定的，选择混合剂的单剂时应尽量使两者的半衰期一致。如果两者长短差异较大，就会导致一个单剂控制害虫的作用提前丧失，另一个单剂因剂量过低也无法有效控制其危害。

2. 农药增效剂 农药增效剂是指本身无生物活性，但与某种农药混用时，能大幅度提高农药的毒力和药效的一类助剂的总称。一个良好的农药增效剂一般应该具有如下特性：农药增效剂不分解原药；农药增效剂农药残留检测合格；农药增效剂对环境无明显影响。

(1) 农药增效剂分类 目前已获得成功应用的农药增效剂主要包括：

①邻亚甲基二氧苯基团的化合物，简称MDP化合物。该类化合物不仅对除虫菊酯类，而且对其他杀虫剂也或多或少具有增效作用。

目前，主要用于拟除虫菊酯、氨基甲酸酯、有机磷酸酯和昆虫生长调节剂等杀虫剂增效使用。

②有机硅聚氧乙烯醚化合物。该类化合物具有低表面张力，良好的展着性、渗透性及乳化分散性，是一种新型高效的农药助剂。易溶于甲醇、异丙醇、丙酮等有机溶剂，可分散于水中，能作为喷雾改良剂、叶面吸收助剂和活化剂等。目前，已广泛应用于杀虫剂、杀菌剂、除草剂、叶面肥、植物生长调节剂、微量元素和生物农药等农用化学品的喷雾混合液中，特别适合内吸型药剂。

③其他增效剂。在防治农作物病虫草害时，还有一些其他的化合物如植物油或矿物油、白糖、洗衣粉、食盐等同农药混合使用，可显著提高药效，增强防治效果。例如，波尔多液加白糖可防止沉淀，石硫合剂加洗衣粉和食盐可提高药效等。

（2）应用前景　在人类面临人口激增、土地日益减少、粮食需求加剧、生态环境恶化的情况下，需要开发出更多高效且安全的新农药。而新农药一般开发周期长、投资大、风险高。农药增效剂助剂的迅速发展则有助于解决这一突出问题。一方面，它可以减轻目前我国用量较大的保湿性粉剂、乳油等老剂型对环境的污染，这对于药效提高、毒性下降、减少环境污染具有显著的经济效益和社会效益。另一方面，通过改进原药的物理性质，不仅可以延长农药的使用寿命、提高药效、降低用量，可以达到减少环境污染、保护使用者安全，以及最大限度发挥农药药效的目的。

第六节　化学农药替代技术

化学农药替代物主要有 5 个方向：一是通过生物育种，选育抗虫抗病的品种；二是减少病虫传导力度，采用不同的耕作方法；三是以生物为原料制生物农药，替代化学产品；四是寻求农业生产方式，如通过循环农业的方式解决病虫危害问题；五是采用无危害的物理措施解决虫源等问题。

一、生物农药

生物农药是指用于防治农林牧业病虫草害或调节植物生长的微生物及植物来源的农药。使用生物农药，一可杀灭多种病虫害；二可生产无公害绿色食品；三可减少对环境污染，确保人畜安全；四可保护天敌；五是病虫不易产生抗药性；六可确保我国有更多的农产品冲破“绿色壁垒”，跨出国门。生物农药的推广应用将改变目前使用化学农药带来的高毒、高残留的弊端，生物农药逐步替代化学农药是一种必然趋势。

1. 生物农药优劣比较　目前，在我国已获准登记的700多种农药单剂品种（有效成分）中，化学农药约占80%，生物农药约占20%。与化学农药相比，生物农药有哪些优缺点？可从杀害谱、杀害率等13个方面进行详细比较（表3-3）。

表3-3　生物农药与化学农药的优劣比较

项目	生物农药	化学农药
杀害谱	总体来说活体型生物农药杀害谱比化学农药窄。如苏云金杆菌登记的防治对象较多，有17种，但仅限于鳞翅目害虫；多数抗体型生物农药登记对象只有2～5种	总体来说化学农药杀害谱比生物农药广，如代森锰锌能防治100多种作物上的400多种病害
杀害率	总体来说生物农药杀害率比化学农药低	总体来说化学农药杀害率高，不少品种可达100%
杀害状	不如化学农药形象、直观。如阿维菌素，虽然昆虫、螨类接触药剂后即出现麻痹症状，不活动不取食，但因不引起有害生物迅速脱水，所以致死作用较慢	杀害状形象、直观，用户容易感受到。如抗蚜威使用后可见蚜虫从作物上滚落
速效性	一般施药后2～7天见效	施药后几分钟即可见效

（续）

项目	生物农药	化学农药
持效性	见效较慢，但持效期长	抗蚜威等少数品种持效期短；多数品种持效期长，可达30天以上
残效性	残效期短	残留期长达数月甚至数年
耐药性	不易产生耐药性	较易产生耐药性
作用方式	除了具有传统性作用方式之外，很多品种还有引诱、驱避、拒食、不育、捕食、寄生等特异作用方式	主要是胃毒、触杀、熏蒸、内吸、杀卵等传统作用方式
单位成本	比化学农药高	比生物农药低
毒性等级	急性毒性较小；个别品种毒性大，原药高毒	急性毒性较大；少数品种慢性毒性大
环境要求	对土壤、气候等环境条件要求比化学农药高	对土壤、气候等环境条件要求比生物农药低
贮存要求	贮存环境要求比化学农药高	贮存环境要求比生物农药低
作物产品	生物农药容易降解，不污染农产品，生产的农产品质量有保证，安全放心	化学农药使用后，农产品中可能会存在一定数量的农药残留

2. 生物农药的类型　生物农药按防治对象分类可分为生物杀菌剂、生物杀线虫剂、生物杀虫剂、生物杀螨剂、生物杀软体动物剂、生物除草剂、生物杀鼠剂、生物植物生长调节剂 8 类；按产品来源分类，可以分为微生物农药、植物源生物农药和动物源生物农药 3 类；按利用形式分类可分为活体型生物农药、抗体型生物农药、载体型生物农药 3 类。

（1）植物源生物农药　植物源生物农药又称为植物性生物农药，

是利用植物资源开发的农药。可分为植物源/活体型生物农药（主要是驱避植物，如蒲公英、鱼腥草、薄荷、大葱、韭菜、一串红、除虫菊、番茄、花椒、芝麻、金盏花等）、植物源/抗体型生物农药、植物源/载体型生物农药（主要是抗除草剂、抗病虫的转基因作物）。这里主要说明植物源/抗体型生物农药。

①植物源生物农药的活性成分。主要有：一是生物碱类。此类物质对昆虫的毒力最强，也是目前研究较多、应用较为广泛的一类植物源杀虫物质。目前，已证明有杀死害虫作用的主要有烟碱、喜树碱、百部碱、藜芦碱、苦参碱、雷化藤碱、小檗碱、木防已碱和苦豆碱等。

二是萜类。这类化合物包括蒎烯、单萜类、倍半萜、二萜类、三萜类等物质，有拒食、麻醉、抑制生长发育，以及破坏害虫信息传递和交配的作用，兼具触杀和胃毒作用。主要品种有印楝素、川楝素、茶皂素、苦皮藤素和闹羊花素等。

三是黄酮类。黄酮类化合物多以苷或苷元、双糖苷或三糖苷状态存在，其作用以拒食和毒杀为主。目前，发现具有防治作用的主要有鱼藤酮和毛鱼藤酮等。

四是精油类。这是一类分子量较小的植物次生代谢物质，不仅具有毒杀、熏杀、拒食、抑制生长发育等作用，还具有昆虫性外激素的引诱作用，多用于防治仓库害虫，如菊蒿油、薄荷油、百里香油、肉桂精油、松节油和芸精油等。

五是其他。羧酸酯类如除虫菊酯，木脂素类如乙醚酰透骨草素，甾体类如牛膝甾酮，糖苷类如番茄苷等。

②产品类型。由于植物源农药具有高效、低毒和广谱的特点，其在市场销售上的竞争力较强。目前已有植物源生物农药杀菌剂、杀虫剂、杀螨剂、杀软体动物剂、杀鼠剂、植物生长调节剂 6 大类产品面市，已获准登记的产品有 46 种（表 3-4）

表 3-4 植物源/抗体型生物农药类型与品种

类型	品种
杀菌剂	大黄素甲醚、大蒜素、黄芩苷、香芹酚、小檗碱等
杀虫剂	桉油精、百部碱、茶皂素、除虫菊素、茴蒿素、苦参碱、苦皮藤素、楝素、印楝素等
杀螨剂	苦参碱
杀软体动物剂	螺威
杀鼠剂	莪术醇、雷公藤甲素、雷公藤内酯
植物生长调节剂	羟烯腺嘌呤、烯腺嘌呤、油菜素甾醇内酯

(2) 微生物源生物农药 可分为微生物源/活体型生物农药、微生物源/抗体型生物农药、微生物源/载体型生物农药（主要是转 Bt 基因作物）。

①微生物源/活体型生物农药。微生物源/活体型生物农药指自然界存在的或被遗传修饰的，用于防治有害生物和调节植物生长的真菌、放线菌、细菌、病毒、线虫、原生动物等微生物活体的制品。目前已有微生物源/活体型生物农药杀菌剂、杀虫剂、杀线虫剂、除草剂、杀鼠剂、植物生长调节剂 6 大类产品面市，已获准登记的产品有 43 种（表 3-5）。

表 3-5 微生物源/活体型生物农药类型与品种

项目	真菌	细菌	病毒	原生动物
杀菌剂	寡雄腐霉菌、哈茨木霉菌、木霉菌、噬菌核霉	地衣芽孢杆菌、多黏类芽孢杆菌、放射土壤杆菌、解淀粉芽孢杆菌、枯草芽孢杆菌、蜡质芽孢杆菌		

（续）

项目	真菌	细菌	病毒	原生动物
杀线虫剂	厚孢轮枝菌、淡紫拟青霉			
杀虫剂	耳霉菌、假丝酵母、金龟子绿僵菌、球孢白僵菌	短稳杆菌、类产碱假单胞菌、球形芽孢杆菌、苏云金杆菌	菜青虫颗粒体病毒、草原毛虫核型多角体病毒、甘蓝夜蛾核型多角体病毒、松毛虫质型多角体病毒、蟑螂病毒	蝗虫微孢子虫
除草剂	胶孢炭疽菌			
杀鼠剂			肠炎沙门氏菌阴性赖氨酸丹尼斯变体、6a噬菌体	
植物生长调节剂		枯草芽孢杆菌、蜡质芽孢杆菌		

②微生物源/抗体型生物农药。微生物源/抗体型生物农药是指经过微生物发酵，用于防治有害生物和调节植物生长的放线菌和细菌等微生物代谢产物的制品。目前已有微生物源/抗体型生物农药杀菌剂、杀虫剂、杀线虫剂、杀螨剂、除草剂、杀鼠剂、植物生长调节剂 7 大类产品面市，已获准登记的产品有 34 种（表 3-6）。

表 3-6 微生物源/抗体型生物农药类型与品种

项目	微生物类群	
	放线菌	细菌
杀菌剂	长川霉素、春雷霉素、井冈霉素、井冈霉素 A、宁南霉素等	
杀线虫剂	阿维菌素	

（续）

项目	微生物类群	
	放线菌	细菌
杀虫剂	阿维菌素、多杀霉素	
杀螨剂	阿维菌素、华光霉素、浏阳霉素	
除草剂	双丙氨磷	
杀鼠剂		C型肉毒梭菌毒素、D型肉毒梭菌毒素
植物生长调节剂	S-诱抗素	

这类微生物农药也称农用抗生素。抗生素等抗菌剂的抑菌或杀菌作用，主要是针对“细菌有而人（或其他高等动植物）没有”的作用机制特点发挥药效，其作用机制可分为四大类：一是阻碍细菌细胞壁的合成，导致细菌在低渗透压环境下膨胀破裂死亡。以这种方式作用的抗生素主要是β-内酰胺类抗生素，哺乳动物的细胞没有细胞壁，不受这类药物的影响。二是与细菌细胞膜相互作用，增强细菌细胞膜的通透性，打开膜上的离子通道，导致细菌电解质平衡失调。以这种方式作用的抗生素有多黏菌素和短杆菌肽等。三是与细菌核糖体或其反应底物（如 tRNA 和 mRNA）相互所用，抑制蛋白质的合成，使细胞存活所必需的结构蛋白和酶不能正常合成。以这种方式作用的抗生素包括四环素类抗生素、大环内酯类抗生素、氨基糖苷类抗生素和氯霉素等。四是阻碍细菌 DNA 的复制和转录，阻碍 DNA 复制，导致细菌细胞分裂繁殖受阻，阻碍 DNA 转录成 mRNA 从而导致后续的 mRNA 翻译合成蛋白的过程受阻。以这种方式作用的主要是人工合成的抗菌剂喹诺酮类（如氧氟沙星）。

③动物源生物农药。目前商品化的动物源生物农药品种不多。主要有动物源/活体型生物农药的平腹小蜂、松毛虫赤眼蜂等；动物源/抗体型生物农药的斑蝥素。

（3）特殊生物农药　我国将生物＋化学农药和生物化学农药纳入生物农药管理范畴。

①生物＋化学农药。这类农药既有生物农药的“血统”，也有化学农药的“妆容”，是半生物合成农药，主要有甲氨基阿维菌素苯甲酸盐、乙基多杀菌素等。

②生物化学农药。农业部2008年8月28日发布的农业行业标准NY/T1667.1～1667.2—2008《农药登记管理术语》对生物化学农药做出了界定。生物化学农药是对防治对象没有直接毒性，具有调节生长、干扰交配或引诱或抗性诱导等特殊作用的天然或人工合成的农药。生物化学农药主要包括：信息素激素、天然植物生长调节剂、天然昆虫生长调节剂、蛋白质类农药、寡聚糖类农药。

据《2012年中国农药发展报告》记载，已获得登记的生物化学农药有21种、产品327个。其中杀菌剂有葡聚烯糖、氨基寡糖素、几丁聚糖、菇类蛋白多糖、低聚糖素；杀虫剂有避蚊胺、诱蝇羧酯、诱虫烯、驱蚊酯；植物生长调节剂有赤霉酸、赤霉酸 A_3、赤霉酸 A_4＋A_7、吲哚乙酸、吲哚丁酸、苄氨基嘌呤、羟烯腺嘌呤、超敏蛋白、极细链格孢激活蛋白、三十烷醇、乙烯利。

3. 生物农药的科学施用

（1）各类生物农药施用　生物农药种类不同，施用方法也不同。

①微生物农药。微生物农药的使用要点：一是掌握温度。二是把握湿度。三是避免强光。四是避免雨水冲刷。另外，病毒类微生物农药专一性强，一般只对一种害虫起作用，使用前要先调查田间虫害发生情况，根据虫害发生情况合理安排防治时期，适时用药。

②植物源农药。使用植物源农药，应当注意：一是预防为主。植物源农药与化学农药对于农作物病虫害的防治表现，与人类服用中药与西药后的表现相似。发现病虫害及时用药，不要等病虫害大发生时才治。植物源农药药效一般比化学农药慢，用药后病虫害不会立即见效，施药时间应较化学农药提前2～3天，而且一般用后2～3天才能观察到其防效。二是与其他手段配合使用。病虫害危害严重时，应当

首先使用化学农药尽快降低病虫害的数量、控制蔓延趋势，再配合使用植物源农药，实行综合治理。三是避免雨天施药。植物源农药不耐雨水冲刷，施药后遇雨应当补施。

③生物化学农药。生物化学农药是通过调节或干扰植物（或害虫）的行为，达到施药目的。性诱剂不能直接杀灭害虫，主要作用是诱杀（捕）和干扰害虫正常交配，以降低害虫种群密度，控制虫害过快繁殖。因此，不能完全依赖性引诱剂，一般应与其他化学防治方法相结合。一要开包后应尽快使用；二要避免污染诱芯；三要合理安放诱捕器；四要按规定时间及时更换诱芯；五要防止危害益虫。植物生长调节剂，一要选准品种适时使用；二要掌握使用浓度；三要药液随用随配以免失效；四要均匀使用；五不能以药代肥。

④蛋白类、寡聚糖类农药。该类农药为植物诱抗剂，本身对病菌无杀灭作用，但能够诱导植物自身对外来有害生物侵害产生反应，提高免疫力，产生抗病性。使用时需注意几点：一是应在病害发生前或发生初期使用。病害已经较重时应选择治疗性杀菌剂对症防治。二是药液现用现配，不能长时间储存。三是无内吸性，注意喷雾均匀。

⑤天敌生物。目前应用较多的是赤眼蜂和平腹小蜂。提倡大面积连年放蜂，面积越大防效越好，放蜂年头越多，效果越好。使用时需注意几点：一是合理存放。拿到蜂卡后要在当日上午放出，不能久储。如果遇到极端天气，不能当天放蜂，蜂卡应分散存放于阴凉通风处，不能和化学农药混放。二是准确掌握放蜂时间。最好结合虫情预测预报，使放蜂时间与害虫产卵时间相吻合。三是与化学农药分时施用。放蜂前5天、放蜂后20天内不要使用化学农药。

⑥抗生素类农药。多数抗生素类杀菌剂不易稳定，不能长时间储存。药液要现用现配，不能储存。某些抗生素农药不能与碱性农药混用，农作物撒施石灰和草木灰前后，也不能喷施。

（2）生物农药注意事项　生物农药既不污染环境、不毒害人畜、不伤害天敌，更不会诱发抗药性的产生，是目前大力推广的高效、低毒、低残留的“无公害”农药。但是，使用生物农药必须注意温度、湿度、太阳光和雨水等气候因素。

①掌握温度，及时喷施，提高防治效果。生物农药的活性成分主要由蛋白质晶体和有生命的芽孢组成，对温度要求较高。因此，生物农药使用时，务必将温度控制在20℃以上。一旦低于最佳温度喷施生物农药，芽孢在害虫机体内的繁殖速度十分缓慢，而且蛋白质晶体也很难发挥其作用，往往难以达到最佳防治效果。试验证明，在20～30℃条件下，生物农药防治效果比在10～15℃高出1～2倍。为此，务必掌握最佳温度，确保喷施生物农药防治效果。

②把握湿度，选时喷施，保证防治质量。生物农药对湿度的要求极为敏感。农田环境湿度越大，药效越明显，特别是粉状生物农药更是如此。因此，在喷施细菌粉剂时务必牢牢抓住早晚露水未干的时候，在蔬菜、瓜果等食用农产品上使用时，务必使药剂能很好地黏附在茎叶上，使芽孢快速繁殖，害虫只要一食用叶子，立即产生药效，起到很好的防治效果。

③避免强光，增强芽孢活力，充分发挥药效。太阳光中的紫外线对芽孢有着致命的杀伤作用。科学实验证明，在太阳直接照射30分钟和60分钟，芽孢死亡率竟会达到50%和80%以上，而且紫外线的辐射对伴孢晶体还能产生变形降效作用。因此，避免强的太阳光，有助于增强芽孢活力，发挥芽孢治虫效果。

④避免暴雨冲刷，适时用药，确保杀灭害虫。芽孢最怕暴雨冲刷，暴雨会将在蔬菜、瓜果等作物上喷施的菌液冲刷掉，影响对害虫的杀伤力。如果喷施后遇到小雨，则有利于芽孢的发芽，害虫食后将加速其死亡，可提高防效。为此，要求各地农技人员指导农民使用生物农药时，要根据当地天气预报，适时用好生物农药，严禁在暴雨期间用药，确保其杀虫效果。

二、光活化毒素

人们发现一些植物的次生代谢产物在光照条件下对害虫的毒效可提高几倍、几十倍甚至上千倍，表现出明显的光活化特性和显著的杀虫效果，这类植物次生代谢物被称之为光活化毒素或光敏毒素。目前，植物源光活化毒素已分离鉴定出十大类，分别来自约30个科的高等植物。其中，噻吩类、呋喃色酮和呋喃喹啉生物碱仅分布在某一科中，多炔类化合物分布在多种植物中，但仅在菊科植物中这类化合物具有显著的光活化杀虫作用。

1. 光活化毒素的种类

（1）呋喃香豆素类　呋喃香豆素为伞形科和芸香科特征性次生代谢产物，此外还发现至少有8个科的植物能代谢合成呋喃香豆素化合物。目前，该类已鉴定出结构的代谢物超过200个，如花椒毒素、异茴芹素和当归根素等。由呋喃香豆素衍生的呋喃并色酮类化合物凯林和齿阿米素是重要的植物源光活化毒素。以呋喃香豆素类化合物处理昆虫，昆虫会表现出抑制生长发育和拒食等活性。例如，当亚热带黏虫取食含有花椒毒素的饲料时，经紫外光照射后表现出生长发育受到抑制，不能完成生活史等生理特征。

（2）多炔类与噻吩类　多炔类化合物广泛分布于高等植物的菊科、伞形科和五加科等19个科中。所有菊科植物都能合成多炔类化合物，多炔类和噻吩类是菊科植物的特征性天然产物。噻吩类化合物主要分布在菊科植物的万寿菊属、蓝刺头属、鳢肠属及其他一些属的个别种中。从菊科植物中分离出的α-三联噻吩和7-苯基-2,4,6-庚三炔是两种非常重要的植物源光活化杀虫毒素。

（3）生物碱类　现已在约26种植物中发现具有光敏毒性的生物碱，主要类型有呋喃喹啉生物碱和哈尔满生物碱。呋喃喹啉生物碱，如茵芋碱主要分布在芸香料植物中，β-咔啉和哈尔满对伊蚊幼虫和鼠卵巢细胞有光活化致毒作用。

（4）稠环醌类　具有光活化致毒作用的醌类化合物主要有金丝桃素、尾孢菌素和竹红菌素等。金丝桃素主要存在于金丝桃属植物中，其除了对伊蚊具有光活化毒杀作用外，对植食性昆虫也表现出光活化致毒作用。尾孢菌素首先是从大豆病原菌中分离得到的，现在可以大量从尾孢菌和受尾孢菌感染的植物中进行分离。竹红菌素是从肉座菌科竹红菌中分离出来的一种光敏剂，分为竹红菌甲素和竹红菌乙素，该类化合物主要以产生单线态氧而引必毒性效应，主要用于光动力皮肤病治疗。

（5）其他光活化毒素化合物　苯并呋喃和苯并吡喃是乙酰苯衍生物的化合物，是有效的昆虫拒食剂和抗保幼激素。Aregullin 发现这类天然衍生物也具有对真菌的光活化抑制作用。目前，已从高等植物中分离出近 2 000 种苯并呋喃和苯并吡喃化合物，主要分布在菊科植物的向日葵族中。去甲二氢愈创木酸是第一个被发现的木酚类光活化毒素，存在于一种主要分布于北美沙漠地带的常青灌木植物中。

2. 光活化毒素的应用　光活化毒素的应用主要集中于蚊虫和蝇类等卫生害虫的防治，用于农业害虫的防治还不多见。噻吩类光敏化合物在防治蚊子幼虫方面获得了成功，多炔类化合物作为有害生物控制剂在加拿大已取得了专利保护，有些已进行商品化生产，如赤藓红 B 已被 Hiltomm-Davis 化学公司注册。合成光敏毒剂，如荧光素、曙光和藻红等用作光活化农药防治蚊、蝇已有较广泛的应用。将藻红直接施到粪便上，每周 1 次，共 5 周，家蝇的成虫和幼虫的死亡率达 90%，成蝇生殖力降低，卵大多不孵化。

万寿菊根和花的提取物能够很好地防治白纹伊蚊和致倦库蚊幼虫。用 10.5 毫克/升的万寿菊根甲醇索氏提取物处理致倦库蚊幼虫，6 小时后的死亡率分别为 80%和 58%。用 0.25 毫克/升的 α-三联噻吩处理致倦库蚊，药后 4 小时的死亡率可达 100%。

茵陈二炔具有较强的光活化杀虫活性，用该化合物点滴处理斜纹夜蛾幼虫，光照下幼虫发育停滞，5 天后逐渐死亡。万树青等以茵陈二炔为母体合成了 12 个多炔类化合物，并对这些化合物的生物活性进行了广泛的测定。以菜粉蝶、亚洲玉米螟、甘蓝蚜和米象等为供试虫体，筛选出的化合物 1-苯基-4-（3,4-亚甲基二氧）苯基丁二炔具有较高的光活化毒性。

总之，植物源光活化毒素种类繁多，分布广泛，可以杀虫、抑菌、除草、防病毒感染，是植物在自然界长期进化过程中自身防御的一种体现。由于其来源于植物次生代谢物，高效低毒、无残留，而且作用机理独特，开发这一类杀虫剂不仅可以有效地控制农业害虫的危害，而且能降低大量化学农药施用所带来的环境压力。

三、生长调节剂

1. 植物生长调节剂 植物生长调节剂是一类与植物激素具有相似生理和生物学效应的物质，能够对植物的生长发育起到调节作用，包括人工合成的化合物和从生物中提取的天然植物激素。

（1）植物生长调节剂分类 植物生长调节剂种类很多，根据来源可分为天然的和人工合成的。目前生产上常根据植物生长调节剂的生理作用、功能和用途进行分类（表 3-7）。

表 3-7 植物生长调节剂的分类

分类方式	类别	主要品种
按植物生理作用分类	植物生长促进剂	生长素类（ABT、吲哚乙酸、萘乙酸）、细胞分裂素类（6-BA）、油菜素内酯、赤霉素类等
	植物生长抑制剂	脱落酸、三碘苯甲酸（TIBA）、马来酰肼等
	植物生长延缓剂	多效唑、烯效唑、矮壮素、玉米健壮素、乙烯利等
按功能分类	生长素类	吲哚乙酸（IAA）、吲哚丙酸（IPA）、萘乙酸（NAA）、2，4-D、增产灵、防落素等
	赤霉素类	GA_3、GA_4、GA_7等
	细胞分裂素类	玉米素（ZT）、激动素（KT）、腺嘌呤（6-BA）等
	催熟剂类	乙烯、乙烯利等
	生长抑制类	脱落酸（ABA）、矮壮素（CCC）、青鲜素（MH）、三碘苯甲酸（TIBA）、多效唑（PP333）、比久（B9）等

（续）

分类方式	类别	主要品种
按农业用途分类	生根剂	吲哚乙酸（IAA）、吲哚丙酸（IPA）、萘乙酸（NAA）、2,4-D等及复配制剂
	壮秧剂	矮壮素（CCC）、多效唑（PP333）、比久（B9）等
	保花保果剂	GA_3、腺嘌呤（6-BA）等
	保鲜剂	激动素（KT）、腺嘌呤（6-BA）等
	膨大剂	激动素（KT）、腺嘌呤（6-BA）等
	催熟剂	乙烯、乙烯利等
	其他	无籽剂、疏花疏果剂、抗旱剂、防冻剂、增产剂、脱叶剂、增甜剂等

（2）植物生长调节剂特点　一是作用面广，应用领域多。植物生长调节剂几乎可适用于全部种植业生产中的高、低等植物，如大田作物、蔬菜、果树、花卉和林木等，并通过调控植物的多种生理过程而控制植物的生长和发育，增强作物的抗逆性能，减少农药施用，改进农产品品质。二是高效低毒，用量小、速度快、效益高、残毒少。三是双调控。可对植物的外部性状与内部生理过程进行双调控。四是植物生长调节剂的使用效果受多种因素的影响，一般很难达到最佳状态。气候条件、施药时间、用药量、施药方法、施药部位，以及作物本身的吸收、运转、整合和代谢等都会影响其作用效果。

（3）常见的植物生长调节剂科学施用

①植物生长促进剂。植物生长促进剂是指能够促进细胞分裂、分化和伸长，促进植物生长的人工合成的化合物。主要有生长素类、细胞分裂素类、赤霉素类等。其适用作物和使用方式如表3-8所示。

表 3-8　常用植物生长促进剂

名称	剂型	生理作用	适用作物	使用方式
复硝酚钠（爱多收、丰产素、增效钠）	2%、1.8%、1.4%水剂，95%原粉	促进植物生长发育、提早开花、打破休眠、促进发芽、防止落花落果、膨果美果、防止早衰、抗病抗逆、改良作物品质	多种粮食及经济作物、果树、蔬菜、花卉等	叶面喷洒、浸种、苗木灌注及花蕾撒布
吲哚乙酸	98.5%原粉、可湿性粉剂	生理作用广泛，影响细胞分裂、伸长和分化，影响营养器官和生殖器官的生长、成熟和衰老	苗木、花卉、蔬菜、果树等	叶面喷洒、浸泡、浸蘸花
吲哚丁酸	1%、3%、4%、5%、6%粉剂和可湿性粉剂，原粉	促进细胞分裂与细胞生长，诱导形成不定根，增加坐果，防止落果，改变雌雄花比率等	大田作物、蔬菜、林木、果树、花卉	浸泡、快浸、蘸粉
吲熟酯（丰果乐、J-455）	20%乳油	增进植物根系生理活性，疏果，改变果实成分，提高果实品质	苹果、梨、桃、菠萝疏果，葡萄、菠萝、甘蔗	叶面喷洒
2,4-D	80%可湿性粉剂、72%丁酯乳油、55%胺盐水剂、90%粉剂	促进细胞伸长，果实膨大，根系生长，防止离层形成，维持顶端优势，并能诱导单性结实。中等浓度防止落花落果，果实保鲜	瓜果、蔬菜、果树、大田作物	叶面喷洒、浸蘸、浸泡
坐果胺		具有生长素的疏果作用	桃树	叶面喷雾
防落素（番茄灵、坐果灵、壮果剂）	1%、2.5%、5%水剂，99%粉剂和可湿性片剂，2%水剂、片剂、气雾剂	防止落花落果，抑制豆类生根，促进坐果，诱导无核果，并有催熟、增产和除草作用	广泛用于大棚番茄，多种果树、蔬菜、西瓜、茶叶、葡萄	叶面喷洒、喷花、浸花、浸泡

（续）

名称	剂型	生理作用	适用作物	使用方式
4-碘苯氧乙酸（增产灵）	95%原药、0.1%乳油	具有加速细胞分裂、分化作用，促进植株生长、发育、开花、结实，防止蕾铃脱落，增加铃重，缩短发育周期，提早成熟	棉花、小麦、水稻、玉米、花生、大豆、芝麻、果树、蔬菜	喷雾、点涂、浸种
增产素	98%粉剂	促进作物生长，缩短发育周期，促进开花结果，保花保蕾	禾谷类作物	喷洒
果实增糖剂	0.12千克/升乳油	促进果实成熟，提高含糖量	甘蔗和甜菜，甜瓜、柑橘、苹果、桃、葡萄	甘蔗和甜菜叶面喷洒，果实喷洒
萘乙酸、萘乙酸钠、萘乙酸钾	99%粉剂、80%粉剂、2%钠盐水剂、2%钾盐水剂	促进细胞分裂、扩大，诱导形成不定根，增加坐果，防止落果，改变雌雄比例	谷类作物，棉花，果树、瓜果蔬菜，扦插枝条	喷洒、浸蘸、浸泡
芸薹素内酯	95%原药，0.01%乳油，0.04%、0.1%水剂，0.2%可湿性粉剂	增强植物营养生长、促进细胞分裂和生殖生长，促进光合作用，有利于花粉受精，提高坐果率和结实率，提高抗逆性	小麦、玉米、蔬菜、果树、花卉	喷洒
N6-呋喃甲基腺嘌呤（激动素）	片状固体	促进细胞分裂，诱导芽分化，解除顶端优势，延缓衰老	主要用于组织培养。棉花、苹果、梨、葡萄、莴苣、马铃薯、番茄、草莓、月季、芹菜、菠菜、萝卜等	喷洒、浸蘸、涂抹

（续）

名称	剂型	生理作用	适用作物	使用方式
6-苄基腺嘌呤（6-BA）	99%粉剂、0.5%乳油、1%和3%水剂	延缓衰老，诱导侧芽萌发，促进分枝，提高坐果率，形成无核果	苹果、樱桃、葡萄、莴苣、甘蓝、芹菜、水稻	浸泡、浸蘸、涂抹、喷洒
五四〇六细胞分裂素	五四〇六菌粉，五四〇六粉剂	影响细胞分裂和繁殖，促进生根和花芽形成，增强植物活力和抗逆力	多种果树、蔬菜、棉花、水稻、玉米、小麦、大豆	拌种、闷种或浸种，喷洒，土施
赤霉素$_{4+7}$（增美灵）	90%原药	促进坐果、打破休眠、性别控制	苹果、梨、杜鹃花、黄瓜	喷雾
三十烷醇（增产宝、大丰力）	0.1%微乳剂，1.4%乳粉，0.1%、0.05%乳剂或胶悬剂	促进发芽、生根、茎叶生长及开花，促使作物早熟，提高结实率，增强抗寒、抗旱能力，增加产量，改善作物品质	水稻、花生、大豆、棉花、茶叶、玉米、小麦、烟草、甘蔗、花卉、蔬菜	浸种、苗期喷雾、花期喷雾、浸插条
ABT生根粉	醇溶剂、水溶剂	促进插条生根，提高移栽或扦插成活率。促进植株健壮生长	玉米、水稻、大豆、蔬菜、甘薯、马铃薯、花生、油菜、食用菌、果树、花卉	浸泡、浸蘸、涂抹、喷洒
黄腐酸	50%～90%粉剂、3%～10%水剂	促进生根、养分吸收，促进光合作用，抗旱	水稻、葡萄、甜菜、甘蔗、瓜果、小麦、杨树扦插	浸泡、浸蘸、浇灌、喷洒

②植物生长延缓剂。植物生长延缓剂可抑制茎部近顶端分生组织

的细胞延长，使节间缩短，节数、叶数不变，株型紧凑矮小，生殖器官不受影响或影响不大。常用的有比久（B9）、缩节胺（Pix）、矮壮素（CCC）、多效唑（PP333）、烯效唑、壮丰安等。其适用作物和使用方式如表 3-9 所示。

表 3-9　常用植物生长延缓剂

名称	剂型	生理作用	适用作物	使用方式
比久（B9）	95%原粉，85%、90%可溶性粉剂，5%液剂	抑制新枝徒长，缩短节间长度，增加叶片厚度，诱导不定根形成，刺激根系生长，提高抗寒能力，防止落花、促进坐果、促进结实。抑制植物徒长，控制观赏外形	菊花等花卉及苗木，果树、马铃薯、甘薯、花生、番茄、草莓、人参等	用作矮化剂、坐果剂、生根剂、保鲜剂。浸泡
缩节胺（助壮素、健壮素、缩节灵、Pix）	98%原粉，5%、20%、40%、50%水剂	抑制株高和横向生长，缩短节间、株型紧凑粗壮，控制旺长，增加开花坐果，提前开花，提高品质	棉花、小麦，葡萄、柑橘、桃、梨、枣、苹果等，番茄、瓜类、豆类蔬菜	喷洒
矮壮素（CCC）	11.8%、40%、50%、72%水剂，60%、80%粉剂	控制植株生长，促进生殖生长，植株节间缩短粗壮，根系发达抗倒伏；光合作用增强，提高坐果率，改善品质；增强作物抗旱、抗寒、抗盐碱、抗某些病虫害能力	小麦、棉花、水稻；马铃薯	喷洒
多效唑（PP333）	95%原药，10%、15%可湿性粉剂，25%乳油	抑制赤霉酸合成，减少细胞分裂、伸长。控制生长，矮化株型，改善通风透光，防止倒伏，促进开花和果实生长	桃、梨、柑橘、苹果等，菊花、天竺葵、一品红、观赏灌木。大棚番茄	浸泡、喷洒、涂抹、土施

（续）

名称	剂型	生理作用	适用作物	使用方式
烯效唑	95%原药，5%可湿性粉剂，5%、10%乳油，0.08%颗粒剂	减弱顶端优势，抗倒伏，矮化植株，促进根系生长，增强光合效率，抑制呼吸作用。提高作物抗逆能力，具有一定杀菌和除草作用	水稻、小麦、大豆、油菜、花生，菊花、一品红、杜鹃等花卉，果树	浸种、喷洒、浸根
壮丰安（麦业丰、北农化控2号）	20%乳剂	促进根系生长，茎秆增粗，增强抗倒伏能力。提高蛋白质含量，改善品质	小麦、大豆、油菜、花生、西瓜、甜瓜、哈密瓜、葡萄、西葫芦、黄瓜	拌种、喷洒

③植物生长抑制剂。植物生长抑制剂可抑制顶端分生组织，使茎丧失顶端优势，外施赤霉素（GA）不能逆转。常用的有青鲜素（MH）、三碘苯甲酸（TIBA）、整形素等。青鲜素（简称MH）大量应用于：抑制草坪、树篱和树的生长；用于防止马铃薯、洋葱、大蒜、萝卜贮藏时发芽；用于棉花、玉米杀雄；抑制烟叶侧芽。使用方式为喷洒。三碘苯甲酸（简称TIBA）用于大豆、番茄促进花芽形成，增加分枝，防止落花落果；用于小麦、水稻防倒伏；用于苹果、桑树幼树整形整枝。使用方式为喷洒。整形素生产上多用于：促进水稻分蘖，阻止椰子落果；增加黄瓜坐果率，延缓莴苣抽薹；用于花椰菜、萝卜、菠菜等提早成熟；用于木本植物，塑造木本盆景。

④乙烯释放剂。乙烯释放剂是一类促进成熟的植物生长剂。主要有乙烯利、玉米健壮素、脱叶磷等。乙烯利（简称CEPA）主要用于棉花、番茄、西瓜、柑橘、香蕉、咖啡、桃、柿子等果实促熟，培育后季稻矮壮秧，增加橡胶乳汁产量和小麦、大豆等作物产量，多用喷雾法常量施药。玉米健壮素主要用于玉米，一般在玉米雌穗小花分化末期，进行叶面喷洒。脱叶磷主要用于棉花、苹果等作物叶片脱落，

以利机械收获。使用方式为喷洒。

2. 昆虫生长调节剂　昆虫生长调节剂是一种以昆虫特有的生长发育系统为攻击目标的新型特异性杀虫剂，被誉为第四代杀虫剂，应用前景广阔（已纳入害虫生物防治理论和技术体系中）。

（1）昆虫生长调节剂的作用特点　昆虫生长调节剂是通过抑制昆虫生理发育，如抑制蜕皮、抑制新表皮形成、抑制取食等致使昆虫死亡的一类药剂，其作用机理不同于以往作用于神经系统的传统杀虫剂，具有毒性低、污染少和持效期长等特点，对天敌和有益生物无显著影响，有助于可持续农业的发展。

（2）昆虫生长调节剂的种类　主要有几丁质合成抑制剂、保幼激素类似物、蜕皮激素类似物等。

①几丁质合成抑制剂。几丁质合成抑制剂简称“几丁质抑制剂”，能够抑制昆虫几丁质合成酶的活性，阻碍几丁质合成，即阻碍新表皮的形成，使昆虫的蜕皮、化蛹受阻，活动减缓，取食减少，直至死亡。目前，形成或处于开发状态的商品制剂约 40 种以上，按其化学结构可分为苯甲酰基脲类、噻二嗪类和三嗪（嘧啶）胺类等。

②保幼激素类似物。保幼激素类似物是指以昆虫体内保幼激素为先导化合物开发的具有保幼激素活性的化合物，其作用原理是选择昆虫在正常情况下分泌或极少分泌保幼激素的发育阶段施用，影响昆虫的生殖，导致滞育，甚至造成昆虫的死亡。主要产品有双氧威、吡丙醚和哒幼酮等。

③蜕皮激素类似物。蜕皮激素类似物的作用原理是降低幼虫淋巴中蜕皮激素的浓度，使蜕皮过程无法完成，新表皮不能骨质化和暗化，且害虫被处理后肠自行挤出，血淋巴和蜕皮液流失，导致虫体失水、皱缩，直至死亡。目前，由昆虫体内分离并完成结构鉴定的蜕皮激素物质已达 20 余种，属植物源的蜕皮激素活性物质有 100 多种。开发出两种商品制剂，分别是抑食肼和虫酰肼，两者均为双酰肼类化合物。

（3）昆虫生长调节剂在害虫生物防治中的应用　昆虫生长调节剂

作为第四代农药，具有低毒和高效的特点，再加上这些化合物与昆虫体内的激素作用相同或结构类似，所以很难产生抗性，能杀死对传统杀虫剂具有抗性的害虫。因而，昆虫生长调节剂在害虫生物防治中应用颇为广泛。

①防治入侵害虫。张庆等分析了保幼激素类似物对红火蚁的作用表现和防治效果，结果发现其可以造成蚁后卵巢萎缩，产卵量减少，导致发育畸形和蚁群等级比例失调，并最终导致整个蚁群消亡。保幼激素类似物杀虫剂活性高、低残毒、对环境污染小，在田间防治红火蚁效果彻底，并可有效防止防治区红火蚁种群的再次入侵。

②防治农业害虫。随着杀虫剂的大量使用，很多农业害虫对杀虫剂产生了很高的抗性，而害虫生长调节剂则可以在很大程度上避免抗药性的产生。刘玮玮等人发现虫酰肼的使用可以降低甜菜夜蛾当代甚至下一代的群体数量，同时对该药剂不产生抗药性。杨彬等人研究结果表明，20％虫酰肼悬浮剂对甜菜夜蛾有较好的防治效果，持效期在7天以上，且对环境污染少，是防治蔬菜甜菜夜蛾的理想药剂。

第四章　农业节肥节药技术应用案例

实施化肥和农药使用量零增长行动，推广节肥节药技术，是推进农业“转方式、调结构”的重大措施，也是促进节本增效、节能减排的现实需要，对保障国家粮食安全、农产品质量安全和农业生态安全具有十分重要的意义。

第一节　农业节肥技术应用案例

化肥在促进粮食和农业生产发展中起了不可替代的作用，但目前也存在化肥过量施用、盲目施用等问题，带来了成本的增加和环境的污染，急需改进施肥方式，提高肥料利用率，减少不合理投入，保障粮食等主要农产品有效供给，促进农业可持续发展。目前在农业生产中涌现出很多节肥技术应用案例，这里仅列举一部分。

一、湖南省双季稻测土配方施肥技术应用

1. 作物特性　湖南省是我国双季稻主要产区，其中早稻生育期100～120天，晚稻生育期110～130天。早稻一般于3月中下旬播种，4月中下旬移栽，7月上中旬收割；晚稻一般于6月中下旬播种，7月中下旬移栽，10月中下旬收割。

早稻早中熟品种一般采用小蔸密植，密度为16.7厘米×23.3厘米，每亩插2万蔸，每蔸3～4苗；迟熟高产品种密度为16.7厘米×23.3厘米或20厘米×20厘米，每亩插1.8万～2万蔸，杂交稻每蔸2～3苗，常规稻每蔸4～5苗。有效穗，常规早稻需要20万～22万/

亩，杂交早稻需要 18 万～20 万/亩。

双季晚稻以杂交稻为主，密度为 23.3 厘米×23.3 厘米，每亩插 1.7 万蔸，每蔸 2～3 苗；常规稻适当密植，每亩插 1.8 万～2 万蔸，每蔸 3～4 苗。双季稻有效穗要求达到 18 万～20 万/亩，高产需达到 22 万/亩。

2. 养分需求规律 受水、肥、气、热、品种等因素的影响，水稻不同生育期其生理特性不尽相同，需肥规律叶存在名表现差异。早、晚稻品种间其生育期内体内养分的变化幅度也有差异（表 4-1、表 4-2）。

表 4-1 不同产量水平双季早稻氮、磷、钾的吸收量

产量水平（千克/亩）	养分吸收量（千克/亩）		
	N	P_2O_5	K_2O
300	4.93	1.13	5.47
350	5.80	1.27	6.40
400	6.60	1.47	7.33
450	7.40	1.67	8.20

表 4-2 不同产量水平双季晚稻氮、磷、钾的吸收量

产量水平（千克/亩）	养分吸收量（千克/亩）		
	N	P_2O_5	K_2O
350	6.67	1.13	6.07
400	7.67	1.40	7.00
450	8.60	1.53	7.87
500	9.53	1.73	8.73

3. 湖南省双季稻施肥指导意见（以 2016 年为例）（表 4-3）

（1）湘北洞庭湖双季稻区 主要包括岳阳市、益阳市、常德市三市环洞庭湖区域。

①施肥原则。适当降低氮肥施用总量，增加穗肥比例；基肥耙田

深施，追肥结合中耕进行；磷肥优先选择钙镁磷肥；发展绿肥，增施有机肥料，实行秸秆还田；对缺锌土壤，适量施用锌肥；壮籽肥以水溶肥料叶面喷施为主，在灌浆期结合病虫防治一并进行；早稻要适量施磷，但在油稻轮作田，适当减少磷肥用量，晚稻减磷增钾；根据土壤监测结果，对土壤 pH≤5.5 的酸性水稻土适量施用石灰或其他具有调酸功效的土壤调理剂，7～10 天后，再施用有机肥和化肥。

②施肥建议。

早稻：施用有机肥或种植绿肥翻压的田块，化肥总用量可适当减少。化肥施用中氮肥按“541”模式施用，即基肥 50%、分蘖肥 40%、穗肥 10%，在此基础上，再以叶面肥的形式看苗追施壮籽肥。磷肥全部作基肥，钾肥的 50%作为基肥、50%作分蘖肥。对缺锌的土壤每亩基施锌肥 1 千克，或用 0.2～0.3 千克/亩硫酸锌拌泥浆沾秧根。

晚稻：化肥施用中氮肥按“631”模式施用，即基肥 60%、分蘖肥 30%、穗肥 10%；磷肥全部作基肥，在土壤有效磷丰富的土壤，可少施或不施磷肥；钾肥的 50%作为基肥，50%作分蘖肥。对缺锌土壤每亩基施锌肥 1 千克。在常年早稻草全量还田地块，钾肥用量应酌情减少 30%左右。结合病虫害防治酌情喷施水溶肥料。

（2）长株潭双季稻区　包括长沙、株洲、湘潭三市重金属污染治理示范区域。

①施肥原则。发展绿肥，增施有机肥料。根据有机肥的施用量，每亩降低氮肥施用总量 2 千克左右；磷肥优先选择钙镁磷肥；壮籽肥应主推兼具增产、减氮、降镉效果功效的有机水溶肥料、含腐殖酸水溶肥料、含氨基酸水溶肥料和水溶性硅肥，在灌浆期结合病虫害防治一并叶面喷施；早稻适量施磷，晚稻减磷增钾；根据土壤监测结果，对土壤 pH≤5.5 的酸性水稻土适量施用石灰或其他具有调酸功效的土壤调理剂，7～10 天后，再施用有机肥和化肥。

②施肥建议：一是科学确定基追肥比例。氮肥 50%～60%作为基肥，20%～25%作为蘖肥，10%～15%作为穗肥；磷肥全部作基肥；钾肥 50%～60%作为基肥，40%～50%作为穗肥。对缺锌稻田，

每亩基施硫酸锌 1 千克；适当基施含硅肥料。二是施用有机肥或种植绿肥翻压的田块，基肥用量可适当减少。在常年秸秆还田的地块，钾肥用量可适当减少 30%左右。三是在土壤酸性较强的稻田，整地时每亩施用 100 千克左右生石灰，示范推广含硅碱性肥料。

（3）湘中南丘陵双季稻区　主要包括娄底市、衡阳市、永州市、郴州市及邵阳市的邵东县、邵阳县、新邵县、洞口县、武冈市、新宁县和邵阳市四区。

①施肥原则。根据土壤肥力确定目标产量，控制氮肥总量，氮、磷、钾平衡施用，有机无机相结合；基肥深施，追肥“以水带氮”；磷肥优先选择钙镁磷肥或普通过磷酸钙；根据土壤监测结果，对土壤 pH≤5.5 的酸性水稻土适量施用石灰或其他具有调酸功效的土壤调理剂，7～10 天后，再施用有机肥和化肥；缺锌田块、潜育化稻田，适量补锌。

②施肥建议：一是氮肥 50%～60%作为基肥，20%～25%作为蘖肥，10%～15%作为穗肥；磷肥全部作基肥；钾肥 50%～60%作为基肥，40%～50%作为穗肥；对缺锌稻田，每亩基施锌肥 1 千克。二是施用有机肥或种植绿肥翻压的田块，基肥用量可适当减少；在常年秸秆还田的地块，钾肥用量可适当减少 30%左右。三是在土壤 pH 5.5以下的田块，整地时每亩施用生石灰 70～100 千克，示范推广含硅碱性肥料。

（4）湘西及湘东一季稻区　包括张家界市、湘西土家族苗族自治州、怀化市的所有县市区，以及邵阳市的城步县、绥宁县，株洲市的炎陵县，郴州市的桂东县、汝城县，益阳市的安化县，常德市的石门县。

①施肥原则。增施有机肥，提倡有机无机相结合；调整基肥与追肥比例，减少前期氮肥用量；基肥深施，追肥“以水带氮”；在土壤 pH 5.5 以下的田块，适当基施生石灰，示范推广含硅碱性肥料。注意有机肥和化肥在施用石灰 7～10 天后施用。

②施肥建议：一是氮肥基肥占 40%～55%，蘖肥占 20%～30%，

穗肥占25%～35%；有机肥与磷肥全部基施；钾肥分基肥（占60%～70%）和穗肥（占30%～40%）两次施用。二是在缺锌和缺硼地区，适量施用锌肥和硼肥；在土壤酸性较强田块，每亩基施生石灰50～70千克，示范推广含硅碱性肥料。

表4-3　湖南省2016年主要农作物推荐施肥量表

<table>
<tr><th rowspan="3">区域</th><th rowspan="3">作物名称</th><th rowspan="3">产量水平（千克/亩）</th><th colspan="4">推荐施肥量（千克/亩）</th></tr>
<tr><th rowspan="2">有机肥</th><th colspan="3">化肥</th></tr>
<tr><th>N</th><th>P_2O_5</th><th>K_2O</th></tr>
<tr><td rowspan="6">湘北洞庭湖双季稻区</td><td rowspan="3">早稻</td><td>≤375</td><td rowspan="3">600</td><td>7.5～8.0</td><td>3.5～3.8</td><td>3.5～4.0</td></tr>
<tr><td>375～450</td><td>8.0～8.5</td><td>3.8～4.0</td><td>4.0～4.3</td></tr>
<tr><td>≥450</td><td>8.5～9.0</td><td>4.0～4.2</td><td>4.3～4.5</td></tr>
<tr><td rowspan="3">晚稻</td><td>≤400</td><td rowspan="3">早稻草全量还田</td><td>8.5～9.0</td><td>0～2</td><td>3.0～3.2</td></tr>
<tr><td>400～500</td><td>9.0～9.5</td><td>0～2</td><td>3.2～3.5</td></tr>
<tr><td>≥500</td><td>9.5～10.0</td><td>0～2</td><td>3.5～4.0</td></tr>
<tr><td rowspan="6">长株潭双季稻区</td><td rowspan="3">早稻</td><td>≤375</td><td rowspan="3">绿肥＋商品有机肥100～200</td><td>6.0～7.0</td><td>4.0～4.2</td><td>4.0～4.3</td></tr>
<tr><td>375～450</td><td>6.0～7.5</td><td>4.2～4.5</td><td>4.3～4.5</td></tr>
<tr><td>≥450</td><td>6.5～8.0</td><td>4.5～4.8</td><td>4.5～4.7</td></tr>
<tr><td rowspan="3">晚稻</td><td>≤450</td><td rowspan="3">商品有机肥100～200</td><td>7.0～8.5</td><td>0～2</td><td>3.0～3.5</td></tr>
<tr><td>450～500</td><td>7.5～9.0</td><td>0～2</td><td>3.5～4.0</td></tr>
<tr><td>≥500</td><td>8.5～10.0</td><td>0～2</td><td>4.0～4.5</td></tr>
<tr><td rowspan="6">湘中湘南双季稻区</td><td rowspan="3">早稻</td><td>≤375</td><td rowspan="3">600</td><td>8.3～8.6</td><td>4.2～4.5</td><td>4.0～4.3</td></tr>
<tr><td>375～450</td><td>8.6～9.0</td><td>4.5～4.7</td><td>4.3～4.5</td></tr>
<tr><td>≥450</td><td>9.0～9.5</td><td>4.7～5.0</td><td>4.7～5.0</td></tr>
<tr><td rowspan="3">晚稻</td><td>≤450</td><td rowspan="3">早稻草全量还田</td><td>9.3～9.5</td><td>0～2</td><td>3.2～3.5</td></tr>
<tr><td>450～500</td><td>9.5～9.8</td><td>0～2</td><td>3.5～4.2</td></tr>
<tr><td>≥500</td><td>9.8～10.5</td><td>0～2</td><td>4.2～4.5</td></tr>
<tr><td rowspan="3">湘西湘东一季稻区</td><td rowspan="3">中稻</td><td>≤500</td><td rowspan="3">800</td><td>9.5～10.5</td><td>4.5～5.0</td><td>4.3～4.8</td></tr>
<tr><td>500～600</td><td>10.5～11.5</td><td>5.0～5.5</td><td>4.8～5.0</td></tr>
<tr><td>≥600</td><td>11.5～12.5</td><td>5.5～6.0</td><td>5.0～5.5</td></tr>
</table>

4. 湖南省双季稻测土配方施肥技术成功经验 2005年湖南省在13个双季稻主产县启动测土配方施肥补贴项目，截至2009年，该省涉及131个县级行政区、8个县级场所纳入中央财政测土配方施肥补贴项目范围，实现了县级农业行政区的“全覆盖”，项目覆盖3.74万个村，惠及96.56万农户。据该省测土配方施肥效果评价专家组调查，该省2005—2009年累计推广测土配方施肥技术达到1 218.267万公顷，其中水稻842.18万公顷。全省仅水稻和玉米推广应用测土配方施肥技术节约农业生产成本18.93亿元，新增产值58.68亿元，同时，项目区氮肥和磷肥的年投入量减少9.4%和7.7%，降低了农业面源污染的产生风险，节本增收77.61亿元，项目经济、生态效益十分显著。如益阳市赫山区牌口乡利兴村农民刘进良承包双季早稻248.67公顷，区农业局免费为其取土化验，根据化验结果和目标产量制定施肥建议卡并进行施肥技术指导。结果通过对比试验，测土配方施肥的早稻每亩节省纯氮1.3千克，节约化肥成本6.78元，增产稻谷26.8千克，增加产值40.2元，增收节支46.98元，节支增收总值128 255.4元。同时由于采用测土配方施肥的稻苗生长稳健，成熟时叶青籽黄，落色好，区农业局及时组织当地村干部、农户参观学习，并因势利导，在该乡双季晚稻上大面积推广了测土配方施肥技术。

二、河南省沁阳市日光温室黄瓜水肥一体化技术应用

水肥一体化技术是将灌溉与施肥融为一体的农业新技术，是借助微灌系统与施肥装置，将可溶性固体肥料或液体肥料配兑成的肥液与灌溉水一起，均匀、准确地输送到作物根部土壤，具有水肥同步供给、增产显著的特点（图4-1）。

1. 温室种植基本情况 沁阳市应用水肥一体化技术的日光温室为120米×7米的砖混钢架结构，生产茬口为冬春茬黄瓜，品种为园春3号。11月中旬育苗，12月下旬定植，翌年2月初下瓜。

图 4-1　黄瓜膜下软管滴灌水肥一体化技术应用

2. 系统设备安装及水源设置　水肥一体化系统设备采用新疆坎儿井灌溉技术有限公司生产的重力滴灌系统，主要包括过滤器、施肥器、阀门控制装置，施肥系统采用压差施肥器。输水主管用 Φ40PE 黑管，在输水管上游分别安装逆止阀、闸阀、网式过滤器。滴灌管用重力滴灌管，流量为 3 升/小时，配旁通、直通、堵头三件套。水源以自来水供水，出水口在温室中部为最佳。无自来水的温室，设置蓄水池或贮水桶，水位要高于灌溉地面 1 米。

3. 滴灌管的铺设　将重力滴灌管与重力滴头连接好，滴灌管长度与定植行长度一致。然后在主管上打孔安装旁通，同时在旁通上连接滴灌管。滴灌管与黄瓜种植行方向一致，与主管垂直。将连接好的滴灌管摆放在种植行上，距种植穴 10 厘米左右，将滴灌管的一端与 Φ40PE 主管三通管上的接头相连，另一端用堵头堵上。毛管间距与黄瓜行距一致，采用 1.0 米行距。滴灌管上平铺地膜，以待定植黄瓜，也可先定植后覆盖地膜。

4. 水分管理　黄瓜是一种需水量较大且对水分较敏感的蔬菜，苗期耗水量最少，从根瓜期开始随着植株的生长和气温的升高，黄瓜需水量逐渐变大，其中腰瓜期水分对其产量影响最关键。黄瓜要求较高的土壤湿度（土壤田间持水量为 85%～90%）及空气湿度（空气相对湿度90%以上)。定植水，每亩灌水定额15米^3；定植至初花期(1月)10～12天滴灌一次，每亩灌水定额10米^3；进入根瓜期(2月)，10天滴水一次，每亩灌水定额10米^3；腰瓜期(3月)，7天滴水一次，每亩灌水定额15米^3；盛瓜期(4～6月)，5天滴水一次，每亩灌水定额15米^3。定植至拉秧生育期170天左右，每亩总灌水量约350米^3。

5. 肥料管理 根据黄瓜需肥特性及目标产量，总结出配套施肥技术。一般基施优质腐熟有机肥5 000千克/亩、磷酸二铵25千克/亩、过磷酸钙20千克/亩、硫酸钾8千克/亩，充分混匀后翻入土壤。追肥以滴肥为主，肥料应先在容器内溶解后再放入施肥罐。滴肥与滴水交替进行，即滴一次肥后，再滴一次水。追肥时期及追肥量：初花期滴尿素一次，滴肥量5千克/亩；初瓜期滴肥2次，每次滴尿素5千克/亩、硫酸钾3千克/亩；盛瓜期滴肥8次，4次按尿素3千克/亩、硫酸钾3千克/亩、磷酸一铵(72%)3千克/亩滴入，另外4次按尿素5千克/亩、硫酸钾3千克/亩滴入。

6. 效益分析

(1) 产量分析 水肥一体化栽培产量11 250千克/亩，较对照常规畦灌栽培产量9 080千克/亩，增产2 170千克/亩，增产幅度23.8%，产值增加4 340元/亩(黄瓜按2元/千克计算)。

(2) 肥料投入分析 水肥一体化栽培化肥总用量为150千克/亩，成本440元/亩。较对照化肥总用量200千克/亩，成本680元/亩，节约肥料50千克/亩，减少肥料投入成本240元/亩。

(3) 节水分析 水肥一体化栽培总灌水量约350米^3/亩，较对照总灌水量680米^3/亩，节约灌水330米^3/亩，节水48.5%，节水66元/亩。

(4) 用工投入 节约用工14个。

(5) 病害防治调查分析 水肥一体化栽培黄瓜霜霉病发病率3.6%，较常规栽培发病率15.2%减少11.6%，发病率降低76%。防治用药，水肥一体栽培投入156元/亩，较常规栽培投入290元/

亩，减少 134 元/亩，降低农药投入 46%。

（6）水肥一体化系统设备投入成本　长 120 米、宽 7 米温室，按种植辣椒的密度 0.7 米铺设一条重力滴管，投入成本为 1 600 元/亩，最低使用年限 4 年。

总之，冬春茬黄瓜应用水肥一体化栽培，共节本增效 4 780 元/亩（节约用工未计），扣除系统投入 1 600 元/亩，当季增收 3 180 元/亩，投入产出比为 1∶1.98。

7. 水肥一体化系统使用注意事项　严禁使用大流量、高扬程提水设备；严禁使用不可溶肥料或农药，在溶解肥料时，不要将固体肥料直接放入肥料罐，应在罐外充分溶解后倒入施肥罐；滴入肥料前先滴水 40 分钟左右，滴完肥料后，再滴 30 分钟的清水，避免肥料在滴头处结晶堵塞滴头；每个月应定期清洗管路（打开滴灌末段冲洗）和过滤器。

三、烟台苹果营养套餐施肥技术应用

烟台苹果是山东名优特产之一，素以风味香甜、酥脆多汁享誉海内外，历来为国内外市场所欢迎。烟台地区的苹果栽种面积已发展到七十多万亩，成为我国最大的苹果经济栽培区之一。

1. 烟台苹果树套餐施肥技术规程　本规程以苹果盛果期树为依据，各种肥料用量以高产、优质、无公害、环境友好为目标，选用有机无机复合肥料、长效缓释肥料、有机活性水溶肥料进行施用，各地在具体应用时，可根据当地苹果树树龄及树势、测土配方推荐用量进行调整。

（1）秋施基肥　苹果树秋施基肥可选用下列基肥组合之一，采用环状施肥、放射状施肥方法施用：株施生物有机肥 10～15 千克或无害化处理过的有机肥 100～150 千克、苹果有机型专用肥 2～2.5 千克；株施生物有机肥 10～15 千克或无害化处理过的有机肥 100～150 千克、腐殖酸涂层长效肥（18－10－17＋B）1.5～2 千克；株施有机无机复混肥（14－6－10）2.5～3 千克、腐殖酸涂层长效肥（18－10－

17+B）1～1.5 千克；株施生物有机肥 10～15 千克或无害化处理过的有机肥 100～150 千克、腐殖酸含促生菌生物复混肥（20－0－10）1 千克、腐殖酸型过磷酸钙 2 千克；株施生物有机肥 10～15 千克或无害化处理过的有机肥 100～150 千克、硫基长效缓释复混肥（24－16－5）1.5～2 千克；株施生物有机肥 10～15 千克或无害化处理过的有机肥 100～150 千克、腐殖酸高效缓释复混肥（15－5－20）1.5～2 千克。

（2）根际追肥　苹果树追肥时期主要在萌芽前、开花后、果实膨大和花芽分化期、果实生长后期，一般追肥 2～4 次，目前主要以开花后、果实膨大和花芽分化期追肥为主，视基肥施用情况、树势等，酌情在萌芽前、果实生长后期追肥。

①萌芽前追肥。如果基肥不足或未施基肥，或弱势树、老树，可在果园土壤解冻后至苹果树萌芽开花前，株施下列肥料组合之一：苹果有机专用肥 1～1.5 千克；腐殖酸包裹尿素 1～1.5 千克；增效尿素 0.75～1.0 千克。

②开花后追肥。一般苹果树落花后立即进行，株施下列肥料组合之一：生物有机肥 10～15 千克、腐殖酸高效缓释复混肥（18－8－4）1.5～2 千克；生物有机肥 10～15 千克、腐殖酸型过磷酸钙 2 千克、增效尿素 1.0～1.5 千克、长效钾肥 0.5 千克；生物有机肥 10～15 千克、增效磷酸铵 1.0～1.5 千克、大粒钾肥 1.0 千克；生物有机肥 10～15 千克、苹果有机专用肥 2～2.5 千克。

③果实膨大和花芽分化期追肥。株施下列肥料组合之一：腐殖酸高效缓释复混肥（15－5－20）1.0～1.5 千克；硫基长效水溶性肥（15－20－10）1.0～1.5 千克（随水冲施）；腐殖酸型过磷酸钙 1.5～2.0 千克、增效尿素 0.75～1.0 千克、长效钾肥 0.5 千克；苹果有机专用肥 1～1.5 千克。

④果实生长后期追肥。此期追肥应在早、中熟品种采收后，晚熟品种采收前施入，株施下列肥料组合之一：株施生物有机肥 10～15 千克、腐殖酸高效缓释复混肥（18－8－4）0.75～1.0 千克；腐殖酸

含促生菌生物复混肥（20－0－10）0.5～0.75千克；苹果有机专用肥0.75～1.0千克；腐殖酸型过磷酸钙1.0～1.5千克、增效尿素0.5千克、长效钾肥0.5千克。

（3）根外追肥　可以根据苹果树生长情况，选择表4-4中时期和肥料进行根外追肥。

表4-4　苹果的根外追肥

喷施时期	肥料种类、浓度	备注
萌芽前	500～1000倍含腐殖酸水溶肥或500～1000倍含氨基酸水溶肥	可连续喷2～3次
	1500倍氨基酸螯合锌水溶肥	用于易缺锌果园
萌芽后	500～1000倍含腐殖酸水溶肥或500～1000倍含氨基酸水溶肥	可连续喷2～3次
	1500倍氨基酸螯合锌水溶肥	出现小叶病
开花期	1500倍活力钙叶面肥、1500倍活力硼叶面肥、500倍含腐殖酸水溶肥或500倍含氨基酸水溶肥	可连续喷2次
新梢旺长期	0.1%～0.2%柠檬酸铁或黄腐酸二铵铁	可连续喷2次
5～6月	1500倍活力硼叶面肥	
5～7月	1500倍活力钙叶面肥	可连续喷2～3次
果实发育后期	0.4%～0.5%磷酸二氢钾	可连续喷3～4次
采收后至落叶前	800～1000倍大量元素水溶肥	可连续喷3～4次，大年尤为重要
	1000～1500倍氨基酸螯合锌	用于易缺锌果园
	1000～1500倍活力硼叶面肥	用于易缺硼果园

2. 苹果营养套餐施肥技术应用案例 烟台众德集团委托姜远茂教授主持苹果营养套餐施肥技术试验示范，营养套餐肥组合为：萌芽前采用放射状沟施腐殖酸涂层长效肥（18－10－17＋B）150千克/亩、有机无机复混肥（14－6－10）150千克/亩、土壤调理剂50千克/亩，施肥深度20～30厘米；套袋前叶面喷施3次含腐殖酸叶面肥（稀释500倍）＋速乐硼（稀释2000倍）＋康朴液钙（稀释300倍）；果实膨大期土施狮马牌复合肥（12－12－17）50千克/亩。

（1）各示范区情况　分别在栖霞市、牟平区、龙口市、招远市、海阳市进行示范。

①栖霞市松山镇大北庄刘洪典果园，红富士品种，9年生树龄。示范面积5亩。对照为同品种树龄果树。对照肥为：国产硫酸钾复合肥（15－15－15）150千克/亩＋30%有机质豆粕有机肥40千克/亩＋生物有机肥210千克/亩。

②牟平区宁海街道办事处隋家滩曲华果园，红富士品种，15年生树龄。示范面积12亩。对照为同品种树龄果树。对照肥为：国产复合肥（13－7－20）300千克/亩＋牛粪300千克/亩。

③龙口市诸留观镇羊岚村吴国瑞果园，红富士品种，10年生树龄。示范面积2亩。对照为同品种树龄果树。对照肥为：国产硫酸钾180千克/亩＋磷酸二铵75千克/亩＋尿素150千克/亩。

④招远市辛庄镇宅上村刘世明果园，红富士品种，10年生树龄。示范面积5亩。对照为同品种树龄果树。对照肥为：中化复合肥（20－10－15）300千克/亩＋生物有机肥150千克/亩。

⑤海阳市朱吴镇莱格庄杨振杰果园，红富士品种，9年生树龄。示范面积5亩。对照为同品种树龄果树。对照肥为：40%复合肥400千克/亩＋25%有机质豆粕有机肥300千克/亩＋冲施肥30千克/亩。

（2）对苹果产量与品质的影响　各示范区苹果产量结果如表4-5，对苹果品质影响见表4-6。

表 4-5 营养套餐肥示范果园测产结果（千克/亩）

示范点	示范户	示范产量	对照产量	增产量	增产率（%）
栖霞市	刘洪典	4214.60	3437.28	777.32	22.61
牟平区	曲华	4944.03	3278.00	1666.03	50.82
龙口市	吴国瑞	3985.80	3376.80	609.00	18.03
海阳市	杨振杰	2799.00	2155.23	643.77	29.87
招远市	刘世明	2071.08	1497.92	573.16	38.26
平均		3602.90	2749.05	853.85	31.05

表 4-6 营养套餐肥示范区苹果品质测试结果

示范点	示范户	处理	果实大小（%）			含糖量（%）
			＞80 毫米	75 毫米	＜70 毫米	
栖霞市	刘洪典	套餐	60.0	30.0	10.0	15.0
		对照	53.8	23.1	23.1	13.5
牟平区	曲华	套餐	33.7	38.0	28.3	14.6
		对照	21.6	25.2	53.2	13.0
龙口市	吴国瑞	套餐	7.6	27.2	65.2	15.1
		对照	0	28.2	71.8	14.2
海阳市	杨振杰	套餐	24.3	50.0	25.7	15.9
		对照	8.0	20.0	72.0	14.7
招远市	刘世明	套餐	52.6	21.1	26.3	15.5
		对照	41.8	21.9	36.3	14.8
平均		套餐	35.64	33.26	31.10	15.22
		对照	25.04	23.68	51.28	14.04

由表 4-5、表 4-6 可以看出，营养套餐施肥技术肥效显著优于常规习惯施肥，5 个示范果园增产幅度为 18.03%～50.82%，平均增产 31.05%。而且果实大，含糖量高，平均超过 80 毫米的大果比常规习

惯施肥约高 10.6%，含糖量平均提高 1.18%。

四、新型肥料（稳定性肥料）科学施用技术应用

目前，稳定性肥料已经在东北、中原、西南、西北及长江流域等 22 个省进行了应用，生产稳定性专用肥 60 多个品种，应用作物涉及玉米、水稻、大豆、小麦、棉花等 30 多种作物。根据施可丰稳定性肥料示范网 2009—2011 年统计结果得出，平均增产 165.25 千克/亩，增产率达 14.7%，增收 188.35 元/亩。

1. 玉米施用稳定性肥料效果 稳定性肥料在东北区玉米可以做到采用“一炮轰”方法，可以做到一次性施肥免追肥，在比常规施肥减少 20%施用量情况下，不减产，并且能“活秆成熟”。一般以 25～55 千克（东北地区一般为 30～40 千克）做底肥一次性施入，但需要注意的是做到种肥隔离（7 厘米以上）。据全国示范网 2009—2011 年数据统计表明：

黑龙江省亩施 40 千克施可丰稳定性玉米专用肥比常规施肥显著增产 38.13～54.46 千克/亩，增产率 5.97%～10.63%，增收 80.15 元/亩。

辽宁省亩施 50 千克施可丰稳定性玉米专用肥比常规施肥玉米株高及叶片数分别增加 18.1%、9.6%，增产玉米 22.13～48.61 千克/亩，增产率 5.72%～10.18%，增收 17.21～51.93 元/亩。

云南省玉米施用施可丰稳定性玉米专用肥后，从农艺性状来看，生育期比常规施肥缩短 7 天，株高、穗粒数、千粒重和穗行数也明显高于常规施肥；从产量上看，增产率达到 13.9%；从经济效益上看，每亩增收 318.52 元。

河南省玉米施用施可丰稳定性玉米专用肥后，玉米株高、穗长、穗粗、穗粒数、百粒重均比常规施肥增加，而秃尖减少；穗粒数和百粒重分别比常规施肥增加 14.8～38.8 个、0.8～2.2 克，产量平均增产 11.6%。

陕西省春玉米及关中灌区夏玉米施用施可丰稳定性玉米专用肥

后，增产率分别为5.99%～11.12%、7.20%～7.66%。

内蒙古自治区玉米施用施可丰稳定性玉米专用肥后，比常规施肥增产玉米128～150.5千克/亩，增产率17.47%～19.81%，秃尖长度降低27.7%，百粒重提高19.0%。

2. 龙眼施用稳定性肥料效果　施用稳定性肥料可减少施肥次数，在2月利用断根沟施用50千克/株鸡鸭粪的底肥，5月（幼果期）施入稳定性肥料1.2～1.4千克/株。9月中旬（采果后）再次施入稳定性肥料1.2～1.4千克/株（20年生为依据）。可减少施肥2次。

据福建省农业科学院田间试验结果表明，100%、90%、80%稳定性肥料处理龙眼产量分别比传统施肥提高28.68%、28.03%和13.56%，70%稳定性肥料处理的龙眼产量和常规施肥处理相当，且稳定性肥料对龙眼产量的影响随施用时间的延长有累积效果，肥效较长；所有添加NAN（尿素增效剂）处理的龙眼产量均高于传统施肥处理，增产幅度12.20%～24.92%，其中以配施0.8%NAN处理的龙眼产量最高，株产20.59千克。

3. 香蕉施用稳定性肥料效果　香蕉在其生长年周期中，需要多次施肥，全年10～15次。根据2009—2011年稳定性肥料在海南儋州和澄迈的试验示范结果表明，亩施80～100千克稳定性肥料具有显著增产效果。澄迈地区的单株香蕉产量为24千克，常规施肥为21千克，增产率14.3%；儋州地区的单株香蕉产量为22.5千克，常规施肥为19千克，增产率18.4%。以每亩160株香蕉计，以每千克香蕉3.5元计，则澄迈地区每亩增收1 680元，儋州地区每亩增收1 960元。同样从投肥次数看，稳定性肥料比常规施肥少7次，每次以50元计，则投肥成本节约了350元。澄迈和儋州两地每亩增收分别为2 030元和2 310元。

4. 辣椒施用稳定性肥料效果　辣椒可在亩施有机肥3 000～5 000千克底肥基础上，每亩一次性施入120千克稳定性肥料。据报道，海南省施用稳定性肥料处理辣椒产量增加达到2 400千克/亩，增产率达到26%，亩增收1 500元。贵州省辣椒施用稳定性肥料与常规施肥相比较，能增产14.02%；与专用肥相比，能增产10.22%，增产潜力在干旱年份仍能体现，并且对辣椒维生素C有明显的促进作用。

第二节　农业节药技术应用案例

坚持“预防为主、综合防治”的方针，树立“科学植保、公共植保、绿色植保”的理念，依靠科技进步，依托新型农业经营主体、病虫防治专业化服务组织，集中连片整体推进，大力推广新型农药，提升装备水平，加快转变病虫害防控方式，大力推进绿色防控、统防统治，构建资源节约型、环境友好型病虫害可持续治理技术体系，实现农药减量控害，保障农业生产安全、农产品质量安全和生态环境安全。

一、农药精确使用技术应用（树干注射施药）

向树干内注入药剂，可防治病虫害，矫治缺素症，调节植株生长发育等，是一种新型的化学施药技术。自20世纪70年代以来，该技术得到美国、日本、法国、英国、德国、韩国、瑞士等世界主要农业发达国家的普遍重视和广泛运用，我国的多所高等院校、科研单位和技术推广、生产单位也开展了积极研究和推广应用，并在注射原理、机械构造、工作效率、防治效果、适用性能、维护保养和产品系列化等方面取得了较大的突破。

1. 注射液配制　第一，要根据树木和病虫耐药性特点确定适宜浓度。可通过当地的防治试验和农药标签规定用量决定。一般对林木病虫害防治可取15%～20%的有效浓度，对果树可取10%～15%的有效浓度。第二，配制时用冷开水，不宜用池塘水和井水。第三，树干部分病虫害严重的地区，在配制药液时应适当加入杀菌剂，以防伤口被病菌感染。第四，药液应随配随用，为防药效降低，不可长时间放置。第五，因药液浓度较高，在配制药液时应注意作业人员安全。

2. 注射部位和用量　树干注射可以在树木胸高以下的任何部位注射，但用材树木一般注射在采伐线以下，果树应在第一分枝以下。根据树木胸径大小决定注药孔数，一般胸径小于 10 厘米的树木 1 个孔，11～25 厘米的树木 2 个孔，26～40 厘米的树木分 3 个孔，大于 40 厘米的树木分 4 个孔及以上。注射孔深也应该根据果树的大小和皮层的厚薄而定，其最适孔深是针头的出药孔位于 2～3 年生新生木质部处，要特别注意不可过浅，以防将药液注入树皮下，起不到施药效果。每孔注药量应根据农药活性、浓度，以及树木大小等而定，一般农药可掌握每 10 厘米胸径用 100%原药 1～3 毫升（每厘米胸径 1～3 毫升稀释液）的标准，按所配药液浓度和计划注药孔数计算每孔应注射的药液量。

3. 农药注射

（1）农药的选用　一般要求选择内吸性农药。这些药剂均未在林木注射上登记使用（在树木病虫害防治中，可选用药效期长的吡虫啉、印楝素等杀虫剂）；在果树病虫害防治中应选用药效期短，低毒或向花、果输送少的噻嗪酮和多菌灵等农药，不可使用在果树上禁用的高残留剧毒农药；在防治根部病虫害时应选择双向传导作用强的农药。要根据防治对象和农药传导作用特性综合考虑所用农药品种。此外，水剂为最佳剂型，原药次之，乳油必须是国家批准的合格产品，不合格产品往往会因有害杂质过高而使注射部位愈合慢，甚至发生药害。

（2）施药时机　根据防治对象，一般食叶害虫在其孵化初期注药，蚜螨等暴发性害虫在其暴发前注药，光肩星天牛、黄斑天牛等分别在其幼虫初龄（1～3 龄）期和成虫羽化期注药。此外，果树必须严格根据所施农药残效期安全间隔施药，在距采果期 60 天内不得注药。

（3）微肥注射　第一，要根据营养诊断确定所缺微量元素种类，做到对症施药；第二，要根据树木生理特性的需要，合理调节注射液 pH。如矫治柑橘缺铁症的铁盐注射液最好呈中性或弱酸性，而矫治桃树缺铁缺锌的注释液 pH 为 4～7 最好；第三，所用注射物必须充分溶解，过滤后使用澄清液。

（4）激素注射　植物生长调节剂大多具有专一性，即一种生长调节剂只有在良好栽培管理的基础上，在植物的特定成长阶段对特定的器官起作用。使用中，植物对生长调节剂的剂量反应往往十分敏感，偏小得不到预期效果，偏大常常会导致不良后果，因此必须控制好预期和适当剂量两个关键。如悬铃木注射“除果灵”时间以春季发芽后为好，适龄不结果苹果树注射 PB333 促花的时期在新梢长至 15 厘米时效果最佳。

二、静电喷雾技术在植保领域的应用

1. 静电喷雾技术原理　静电喷雾技术是应用高压静电在喷头与喷雾目标间建立一个静电场，经喷嘴喷出的雾滴或粉粒，通过不同的充电方式被充上负电，形成群体荷电雾滴。利用静电场所产生的电力线的穿透特性，沿定向（或电力线）运动，被主动吸附到植株表面（植株表面带正电，且吸引力很强，是地球引力的 40 倍），相对地减少了农药的飘移散失，加大了药液或药粉对植株表面的覆盖率和均匀度，从而显著地增加了药液与病虫害接触的机会，提高了农药的喷药效果并降低了农药的实际用量，减少了对生态环境的污染和破坏。

2. 静电喷雾技术的防治效果

（1）美国试验　美国科学家就气助静电喷雾系统与常规喷雾器的喷药效果进行了对比试验，试验数据如表 4-7 和表 4-8 所示。

表 4-7　静电喷雾技术防治花椰菜粉纹夜蛾的效果

器械	药液浓度比较	食掉叶片率（5）
静电喷雾器	1/2	1.9
常规喷雾器	1	4.9

表 4-8　静电喷雾技术防治棉花棉铃虫的效果

器械	同药液浓度下 棉铃虫受害率（%）	减半药液浓度下 棉铃虫受害率（%）	害虫数量下降（%）
静电喷雾器	4.1～4.7	6.1～7.2	86
常规喷雾器	7.4～7.7	13.0～16.6	47

结果说明，静电喷雾的药液利用率比常规喷雾要高，静电喷雾防治效果为常规喷雾的 1.5～2.0 倍及以上。

（2）江苏试验　表 4-9 为 2009 年在江苏省太仓市棉种场对同等作业面积（各为 20 亩）的棉花作物采用药液配比浓度 1∶50 情况下的对比试验测定结果；表 4-10 为在苏州市吴中区东山蔬菜园内的同一地块同等作业面积（各 90 米^2）的甘蓝蔬菜的杀虫效果测定结果；表 4-11 为在苏州市吴中区吴港蔬菜基地的同一地块两个小区 13 米×1.6 米作业面积采用绿浪 1000 倍液的浓度情况下茶叶假眼小绿叶蝉的虫口退减率［虫口退减率 =（1－用药后小区百叶虫量/未用药时小区百叶虫量）×100%］的测定结果。

表 4-9　静电喷雾技术防治棉花虫害的效果

月-日/害虫/防治药物	植保器械	用药量	等时间虫害死亡率（%）
06-02/蚜虫/氯氰菊酯	静电喷雾器	10 克	97.5
	常规喷雾器	15 克	98.7
07-03/蚜虫/有机磷	静电喷雾器	6 毫升	96.3
	常规喷雾器	10 毫升	95.6
07-28/棉铃虫/氰戊·辛硫灵	静电喷雾器	70 毫升	97.3
	常规喷雾器	100 毫升	98.1

表 4-10　静电喷雾技术防治甘蓝虫害的效果

器械	用药量/配水量	药前百株虫量（只）		药前百株虫量（只）		杀虫效果（%）		
	（毫升/千克）	重复 1	重复 2	重复 1	重复 2	重复 1	重复 2	平均
静电喷雾器	20/20	323	227	10	8	97.50	96.48	96.99
常规喷雾器	40/80	302	354	27	26	91.06	92.66	91.86

表 4-11 静电喷雾技术防治茶叶虫害的效果

器械	平均百株虫量（只）				
	0天	1天	减退率（%）	2天	减退率（%）
静电喷雾器	500	250	50	20	96
常规喷雾器	500	350	30	100	80

从表 4-9、表 4-10 可以看出：静电喷雾器械在省药 60%～70%、节水 50% 的基础上对虫害保持同等防治效果，达到降低施药成本、减少农药的使用量、提高农药利用率的目的。从表 4-11 可以分析出：静电喷雾器械喷出的带电药滴在电场力的作用下，能迅速被吸收到标靶植物叶片的表面任何部位，减少雾滴飘移时间，增加药液沉积量，提高药剂活性，相对地加大了药效，既改善了病虫害的防治效果，又降低了对环境的污染。

三、广东省新型植保机械在防治蔬菜病虫害上的应用

2015 年广东省植保机械社会保有量约 340 多万台。其中，手动植保机械约为 330 万台，占 97%以上；机动植保机械约为 9 万台，占 2%左右。背负手动式植保机械和背负机动式植保机械在社会保有量中占主导地位，先进新型植保机械应用较少。

广东省农业机械研究所针对防治蔬菜病虫害而研制的手推式 2WZT－1.5 型喷雾机，具有机动性强、喷雾压力大、雾滴小、分布均匀的特点。此喷雾机结构紧凑、体积小、质量轻，自带 60 升药罐，操作方便，十分适合在菜地行走、工作。此机用小喷杆代替单个喷头，每边分别设有 1 支喷杆，每支喷杆有 5 个低量喷头，单边喷幅为 1 米，可同时用 2 支喷杆作业，行走一次就可以喷 2 行蔬菜，作业效率高。另外，喷杆的喷药高度可以调节，可在离地 40～80 厘米间任意调节，适合不同的蔬菜。

2WZT-1.5 型喷雾机配备 10 个精密低流量喷头，每个喷头的流量为 0.10～0.15 升/分钟，雾滴直径为 50～100 微米，喷洒时雾滴沉

图 4-2　手推式 2WZT-1.5 型喷雾机

积分布均匀，喷药均匀率能够达到 50%左右，远远高于常规施药的喷药均匀率（20%以下）。由于雾细、量小，不会结成水珠滴下，黏附性较好，细雾滴可随风飘移、穿透，黏附在叶的背面。常规大容量喷雾每亩用药液量 40～70 千克，高的可达 100 千克，兑水倍数高，喷药液量大，容易流失；2WZT-1.5 型喷雾机每亩用药液量 10～12 千克，兑水倍数低，用药液量少，不易流失，一般比常规大容量喷雾节省农药 20%～30%，而药效不减，一箱药液可喷 5～6 亩蔬菜。

在蔬菜田间用 2WZT-1.5 型喷雾机进行低容量喷雾，是按照有效喷幅，从下风开始，从 2 行蔬菜地间拉着喷雾机逐行地依次喷药，每一次喷雾的雾滴主要沉降在本次有效喷幅内。有效喷幅的喷洒质量除受风速和作物结构等影响外，还要受药液用量、喷头高度、行走速度等影响，因而在使用时应综合考虑，并做出适当调整，以提高喷洒质量。

四、我国设施蔬菜害虫天敌昆虫应用

我国是世界上最大的温室蔬菜种植国家，近年来每年以 10%左右的速度增长。据新华网报道，2014 年设施蔬菜面积已达到 386 万公顷，蔬菜产值已超过 7 000 亿元，行业从业人员达到 4 000 万以上，已成为许多区域农业的支柱产业。经过近 30 年的发展，中国设施蔬菜生产在不同地区形成了各具特色的类型，例如小拱棚、大中棚、日光温室和连栋温室等。随着设施蔬菜产业的迅速发展，使蔬菜生产的品种和产量得到快速增长，但同时也给害虫提供了适宜的生长、繁殖和为害的生态环境。各类植食性有害生物的危害不断加剧，造成极大的经济损失。

1. 设施蔬菜害虫主要种类 中国设施蔬菜重要害虫种类主要包含6目20种昆虫。在相对封闭、环境温暖湿润、作物种植密度高的设施温室中，发育速率快、世代多、繁殖能力强的害虫极易定殖与发展，而且比大田作物更易暴发成灾。其中以蚜虫（如桃蚜）、粉虱（如温室白粉虱和烟粉虱）、叶螨（如二斑叶螨、朱砂叶螨、截形叶螨和侧多食跗线螨）和蓟马（如黄蓟马、葱蓟马、西花蓟马）在设施蔬菜生产中发生最为普遍、危害最重。

2. 设施蔬菜害虫的主要天敌昆虫及其应用 天敌昆虫作为传统的生物防治产品，在控制设施蔬菜虫（螨）害，保证其产量和品质中起着不可替代的作用。随着人们环境保护意识的加强和绿色农业的发展，天敌昆虫在设施蔬菜害虫生物防治中的作用越来越受到人们的重视。中国的天敌资源非常丰富，但目前在设施蔬菜生产中应用的种类相当有限。

（1）蚜虫天敌 中国设施蔬菜生产中，危害其产量和品质的蚜虫以桃蚜为主。目前，捕食性瓢虫、食蚜蝇、蚜茧蜂和食蚜瘿蚊是对设施蔬菜蚜虫防治时释放的主要天敌昆虫。

对设施蔬菜蚜虫控制效果较好的捕食性瓢虫有异色瓢虫、多异瓢虫、七星瓢虫和龟纹瓢虫。其中，具有多色型的异色瓢虫在生物防治起着主导作用，它不仅可以取食桃蚜，还可以取食梨二叉蚜、桃大尾蚜和棉蚜。利用异色瓢虫可以成功防治温室黄瓜和草莓上的蚜虫。近期研究显示，释放异色瓢虫对北京温室甜椒和圆茄上的桃蚜均可以达到较高的防效。

食蚜蝇是双翅目中相对较大的类群，对蚜虫的捕食能力很强，部分种类的食蚜蝇还能捕食粉虱、飞虱和蚧壳虫等害虫。例如黑带食蚜蝇、大灰食蚜蝇的幼虫对桃蚜均具有较强的捕食能力。

1986年，中国从加拿大引进烟蚜茧蜂后，分别在北京市、河北省和福建省的温室中释放用来防治蚜虫。上海市和辽宁省的相关研究人员用桃蚜饲养烟蚜茧蜂，可以成功防治番茄、黄瓜和辣椒上的桃蚜和棉蚜。近期研究表明，烟蚜茧蜂和异色瓢虫混合释放对烟蚜的防效高于单一释放。将食蚜瘿蚊按益害比 1∶20 的比例释放 10 天后，蚜虫的种群密度可以减少 70%～90%。

（2）粉虱天敌　粉虱的天敌种类繁多，包括寄生性天敌、捕食性天敌和虫生真菌等。目前，在温室中释放寄生性天敌昆虫可以对粉虱起到很好的控制效果。

目前，对烟粉虱和温室白粉虱有效的寄生性天敌有 27 种均属于蚜小蜂科，其中有 21 种属于恩蚜小蜂属，6 种属于桨角蚜小蜂属。这些寄生性天敌中丽蚜小蜂在防治温室粉虱中取得了显著的成果。我国于 1978 年从英国引进丽蚜小蜂，随后中国农业科学院生物防治研究所和蔬菜花卉研究所研究人员对其生物学特性和应用方面进行了深入研究并研发了烟草苗繁蜂法。随后在河北、辽宁、山东、内蒙古等省（市）释放用来防治温室白粉虱。丽蚜小蜂防治烟粉虱的效果较好，可在设施蔬菜生产中大面积推广应用。近期研究结果显示，丽蚜小蜂和东亚小花蝽混合释放对烟粉虱的防治效果高于单独释放。除丽蚜小蜂以外，双斑恩蚜小蜂、浅黄恩蚜小蜂和裸盾恩蚜小蜂也是防治温室白粉虱的重要寄生性天敌。防治粉虱的捕食性天敌主要包括小黑瓢虫、刀角瓢虫、草蛉及盲蝽，以捕食性瓢虫为主，例如从国外引进的刀角瓢虫、沙巴拟刀角瓢虫和小黑粉虱瓢虫对温室蔬菜上的粉虱均可以起到很好的控制效果。近期研究结果表明捕食螨也可以用于对烟粉虱的生物防治中，例如在甜椒温室释放胡瓜钝绥螨对烟粉虱的控制效果可以达到 94%。

（3）叶螨天敌　我国于 20 世纪 70 年代起开始对叶螨进行生物防治的研究工作，并取得了一定的成效。叶螨的天敌可以分为捕食性天敌和寄生性天敌两类。1975 年，从瑞典引入智利小植绥螨，此后通过利用引入种和本土优势的捕食螨成功地防治了这些害虫。在这些本土优势种中，长毛钝绥螨和拟长毛钝绥螨已经被广泛应用于控制朱砂叶螨。智利小植绥螨是当前害螨生物防治中最有效的捕食螨，已成功应用于温室蔬菜、热带水果和观赏园艺植物的生物防治中。例如，将长毛钝绥螨按益害比 1∶100 的比例释放，3 周后茄子上二斑叶螨的数量显著降低。拟长毛钝绥螨是叶螨的专性捕食性天敌，可以有效控制冬瓜上二斑叶螨的数量。捕食性瓢虫也可以用来控制叶螨，深点食螨瓢虫和腹管食螨瓢虫可以有效地控制温室中的柑橘全爪螨。拟小食螨瓢虫可以协助智利小植绥螨控制朱砂叶螨。

（4）蓟马天敌　目前，蓟马的捕食性天敌主要包括食虫蝽、草蛉和捕食螨。研究结果显示释放胡瓜钝绥螨对日光大棚甜椒上西花蓟马的控制效果可达 86.7%。释放巴氏钝绥螨可以控制温室茄子上的西花蓟马高峰期的数量。将巴氏钝绥螨和剑毛帕厉螨混合释放对彩椒上蓟马的防效达到 47.16%。将捕食螨和食虫蝽混合释放后可以提高对西花蓟马的防控效果。半翅目花蝽科小花蝽属东亚小花蝽对蓟马也具有很强的控制能力。例如在茄子生产过程中释放东亚小花蝽，对蓟马的控制效果可以达到 94.46%。

主要参考文献

曹坳程，郑传临，董丰收，等，2015. 减少农药使用量的策略与思考［J］. 农药市场信息，30（7）：6-10.

陈清，陈宏坤，2016. 水溶肥料生产与施用［M］. 北京：中国农业出版社.

陈永春，彭永康，2007. 新型农药和新型植保机械在防治蔬菜病虫害上的应用［J］. 现代农业装备，6：60-62.

楚桂芬，关祥斌，胡艳霞，2011. 静电喷雾技术防治小麦蚜虫的效果调查［J］. 中国植保导刊，31（12）：45-46.

崔德杰，杜志勇，2017. 新型肥料及其应用技术［M］. 北京：化学工业出版社.

崔毅，2005. 农业节水灌溉技术及应用实例［M］. 北京：化学工业出版社.

傅锡敏，薛新宇，于林惠，等，2006. "减量控制"是农药立体污染防控的主要对策［J］. 江苏农机化，6：29-30.

韩树明，2011. 静电喷雾技术在植保领域的应用［J］. 农机化研究，12：249-252.

李保明，2016. 水肥一体化实用技术［M］. 北京：中国农业出版社.

彭世琪，崔勇，李涛，2008. 微灌施肥农户操作手册［M］. 北京：中国农业出版社.

全国农业技术推广服务中心，2011. 双季稻测土配方施肥技术［M］. 北京：中国农业出版社.

宋志伟，等，2016. 果树测土配方与营养套餐施肥技术［M］. 北京：中国农业出版社.

宋志伟，等，2016. 粮经作物测土配方与营养套餐施肥技术［M］. 北京：中国农业出版社.

宋志伟，等，2016. 设施蔬菜测土配方与营养套餐施肥技术［M］. 北京：中国农业出版社．

宋志伟，等，2016．蔬菜测土配方与营养套餐施肥技术［M］．北京：中国农业出版社．

宋志伟，杨净云，2017．无公害果树配方施肥［M］．北京：化学工业出版社．

宋志伟，杨首乐，2017．无公害经济作物配方施肥［M］．北京：化学工业出版社．

宋志伟，杨首乐，2017．无公害露地蔬菜配方施肥［M］．北京：化学工业出版社．

宋志伟，杨首乐，2017．无公害设施蔬菜配方施肥［M］．北京：化学工业出版社．

唐韵，唐理，2016．生物农药使用与营销［M］．北京：化学工业出版社．

童清云，肖宏俊，2016．生物农药在茶叶上应用技术简介［J］．农技推广，8：119-120.

王庆森，刘丰静，王定锋，等，2011．几种生物农药防治有机茶园茶蚜和茶黄蓟马的效果［J］．茶叶科学技术，4：9-12.

魏新华，蒋杉，2011．农药变量喷施技术的研究现状及发展趋势［J］．农机化研究，2：9-14.

徐坚，高春娟，2014．水肥一体化实用技术［M］．北京：中国农业出版社．

徐卫红，2015．水肥一体化实用新技术［M］．北京：化学工业出版社．

徐卫红，2016．新型肥料使用技术手册［M］．北京：化学工业出版社．

杨力，张民，万连步，2013．缓释肥料实用技术手册［M］．济南：山东科学技术出版社．

虞方伯，王李宝，庄应强，等，2014．农业生产节药实用技术［M］．北京：中国农业出版社．

张帆，李姝，肖达，等，2015．中国设施蔬菜害虫天敌昆虫应用研究进展［J］．中国农业科学，48（17）：3463-3476.

张洪昌，段继贤，赵春山，2014．肥料安全施用技术指南［M］．北京：中国农业出版社．

张洪昌，李星林，王顺利，2014．蔬菜灌溉施肥技术手册［M］．北京：中国农业出版社．

赵秉强，等，2013. 新型肥料［M］. 北京：科学出版社.

郑加强，2004. 农药精确使用原理与实施原则研究［J］. 科学技术与工程，4（7）：566-569.

中国化工学会肥料专业委员会，云南金星化工有限公司，2013. 中国主要农作物营养套餐施肥技术［M］. 北京：中国农业科学技术出版社.